奇跡の自然

岸由二

三浦半島
小網代の谷を
「流域思考」で守る

八坂書房

小網代は首都圏に残された軌跡の小流域生態系

小網代の谷の全景

ひとつの流域が、源流から河口まで、
まるごと自然のまま残っている

小網代の谷＝浦の川流域と河口干潟

❶ 河口の草原とエノキ ❷ 中流の真ん中広場とヤナギ ❸ 下流のアシ原 ❹ ハンノキが茂る中流の湿地帯

小網代の自然を歩く

シダ類が生い茂る上流部

マテバシイなどの常緑樹林とコナラなどの落葉樹林が、川の両岸に迫る

❺ アマモ場 ❻ 干潟のアシの群落 ❼ 干潟の向こうには岩礁地帯 ❽ 干潮時の干潟

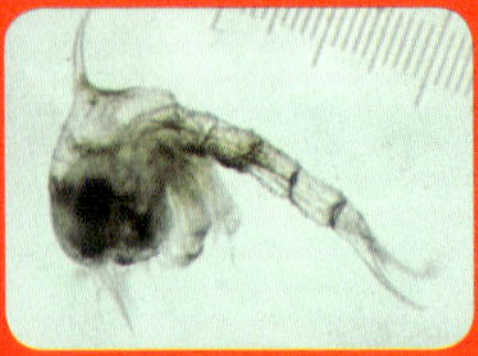
アカテガニの幼生ゾエア

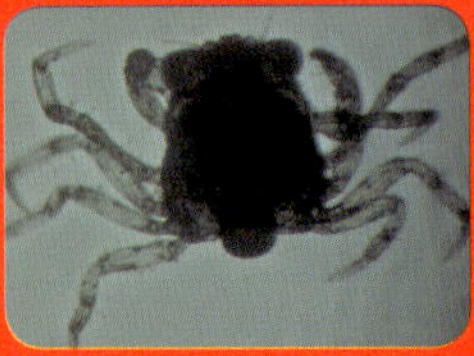
アカテガニの幼生メガロパ

昨年生まれたばかりのアカテガニの子供たち

夏のお産の時期、海に一斉に降りてきたアカテガニたち

アカテガニは普段陸に棲む

アカテガニは土手に巣穴を掘る

さるカニ合戦の
モデル？
アカテガニは
木に登る

小網代の自然の象徴アカテガニ

アカテガニが水中で幼生を放つ

アカテガニの放仔で1回３万匹の幼生が海に放たれる

小網代の干潟とアカテガニ

アカテガニの脱皮は水中で

大きな雄が雌を捕まえて交尾を

小網代の春

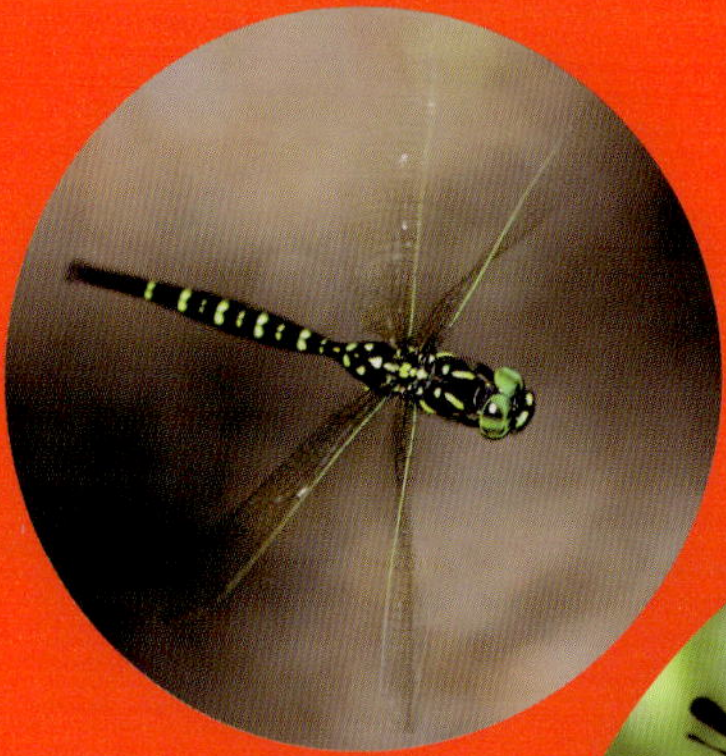

小網代の夏

秋冬

小網代の

小網代の生きものたち

小網代全域にはびこる笹を刈り、
再び湿地に戻す

笹刈りは自然回復に
欠かせない

小網代の自然回復作業

伸びすぎた木を倒して、
谷に光を入れる

水の流れを杭で変える

川の流路を新しくつくる

まえがき

横浜から京浜急行の快速で南へ一時間。終点三崎口駅から徒歩三十分の三浦台地の一角、引橋とよばれる地点から、真西に延びる長さ三キロメートル程の細長いリアスの谷があります。谷の上部の陸域は、浦の川とよばれる小河川の集水域（流域）。下手には干潮時三ヘクタールほどになる河口干潟が広がり、さらにその先に長さ一・五キロメートル程の小網代湾が連接して、相模湾に開口しています。

小網代の森あるいは谷とよばれるその〈集水域〉は、一九八〇年代の初め、ゴルフ場を軸とする大開発予定地の一部となりました。しかし一九八三年、自然保全型の街づくり代替案を提示する市民活動がスタート。それから四半世紀を越える奇跡的な展開をへて、七〇ヘクタールの規模で、全面保全されるに至りました。

今、その谷は縦断ができません。過去四十年にわたる管理喪失による生態系攪乱に対処すべく、行政、関連財団、NPO法人が連携し、自然の賑わいをとりもどす管理・整備の作業現場だからです。順調にすめば二〇一四年春、森にも湿原にも水系にもあふれ賑わう生きものたちの世界が回復され、訪問者を賑やかに受け入れる散策路のある保全地区として、一般公開されてゆく予定。それまでしばらくの通行自粛が要請されているのです。

本書は、その谷の自然のたぐいまれな貴重さを、広く関係機関、市民のみなさまに改めて知っていただくとともに、保全をめぐる過去、現在、未来の経緯や課題を概観し、来るべき一般開放にむけ、各方面からのさらなるご理解、ご支援を期待し、また予想されるさまざまな混乱を回避するため、谷の自然回復作業を担当するNPO小網代野外活動調整会議の活動やビジョンの紹介を軸として出版されるものです。

小網代はその自然の潜在的な価値において、保全実現の経緯において、奇跡的というほかない地域です。その価値をアピールする際、私たちは、「自然状態の完結した集水域生態系」という表現をもちいてきました。小網代の森は、日本国首都圏に唯一のこされた、「源流から海に至る完結した自然状態の集水域生態系」、奇跡的な集水域生態系なのです。集水域あるいは流域は、雨降る大地に刻まれた自然の生態系単位です。大小入れ子に配置されるその地形（＝生態系）模様は、あたかも生物体を構成する細胞のように生命圏の陸域を隙間なく分割し、自然との共生をめざす私たちの都市文明に、環境適応・自然回復の絶好の仕事場を提供しています。〈流域思考〉とわたくしが呼ぶそのビジョンからいえば、産業文明＝都市文明の生命圏への再適応は、日本国首都圏のようにどのように都市化がすすもうとも、足元のあらゆる流域において水循環や生物多様性の制約や可能性を改めて評価しなおし、それぞれの流域にふさわしい持続的な暮らしを実現してゆくことから始まっていくものです。首都圏大都市域のなかに、森から干潟へ、干潟から海へ、三〇〇〇メートルの連なりをもって拡大流域生態系を形成する小網代は、生物多様性の拠点として、また、子どもたちや市民の自然体験や学習の場、いずれは都市近郊エコツーリズムの拠点として、首都圏の未来の環境文化を励ます聖地の一つとなっていくはず。小網代は巨大なダイヤの原石です。生態系全体が水系とともに保全されたいま現在から、その自然の潜在的な可能性の万全の開花にむけ、谷の自然の賑わいの、改めての研磨が始まっています。

本当に幸いなのは、一九九〇年、国際生態学会議に参加した世界の生態学者たちが、そして県を筆頭とする地域の行政、さらには国土交通省国土審議会が、谷の潜在的な価値を的確に見抜き評価してくださったことです。その帰結として、全域が市街化区域であった小網代の森は、なお二十年、三十年の辛苦ありと覚悟していた私たちの想像をはるかに超える俊足をもって、二〇一一年夏、近郊緑地保全区域特別保全地区として、保全されることとなりました。私たちからすれば、奇跡的というほかない展開です。

本書はそんな展開に促された緊急の出版です。小網代保全をめぐる報告をまとめるのは、まだ時期尚早と、私は考えておりました。適切な時期はあと二年先の二〇一四年。その春、神奈川県は、階段、木道、デッキなどを含み谷を縦断する、全長一二〇〇メートルの散策路を完成する予定であり、私たちNPO小網代野外活動調整会議は、すくなくとも中央の谷一二〇〇メートルにそった湿原や水系の基本的な再生を完了している予定だからです。

にもかかわらず、一般散策者のみなさんの通行自粛が要請されているこの時期に、あえて本書を出版するのは、特別の理由があってのことです。最大の理由は〈表彰〉でした。市民団体や学校による利活用の調整や、自然再生のための調査・作業などをとおし、小網代保全の後期（一九九八〜）の活動を支えてきたNPO法人小網代野外活動調整会議は、本年四月、内閣府の主催する第六回「みどりの式典」において、緑化推進運動功労者・内閣総理大臣表彰をうけることになりました。まだ整備ただ中の段階で、予期しない名誉ある表彰をうけるとの連絡をうけ、私たちは喜びと同時に、諸方面からの注目にどう対応するのか、途方にくれることになりました。小網代野外活動調整会議は縁の下の力持ち。ひたすら現場仕事に徹してきたため、表彰の時点において、活動の歴史やビジョンなどをまとめた出版物が皆無の状況だったのです。諸方面からの問い合わせに個別対応しきれるはずもありません。私に考えうる唯一の選択は、過去の関連文書をあつめ、小網代保全の歴史とビジョン、とりわけ、最近の動きを、調整会議の代表者としての立場から整理し、緊急公開することでした。

唯一の助け船は、ここ十年あまり、おりおりに小網代関連の活動団体等に招待され、歴史や課題、未来を語った私の講演の記録が友人たちの手で暫定的にとりまとめられていたことでした。その記録に必要な訂正、加筆をおこなって柱とするとともに、小網代保全運動の神話時代を記す既刊の各種の小文や、活動の基礎を支えた論文なども再録させていただき、本のボリュームと形をつくりあげたものです。小網代保全の歴史をずっと支えてくださった、かながわトラストみどり財団が、昨年設立二十周年をむかえ、その記念シンポジウムの企画であった旧知の養老孟司さん、NPO小網代野外活動調整会議の理事仲間でもある柳瀬博一さんとの鼎談記録まで収録させていただけたのは、さらに幸いなことでした。

にわかに立ち上がった話にもかかわらず、八坂書房さんは、快く出版を引き受けてくださいました。とりまとめ不十分は百も承知。行政の保全努力を側面支援するNPO法人小網代野外活動調整会議代表理事としての立ち位置と責任を自覚しつつ、小網代保全の過去・現在そして未来を概観する書を、あえて刊行させていただく所以です。

不器用なコラージュとなった文書群から、森と干潟と海をつなぐ小網代流域生態系の、ダイヤモンドの原石のような奇跡的な価値を感じていただき、また、四半世紀をすでに大きく越えた小網代保全の歴史と、工夫と、なお未来につづく多様な課題を知っていただけたら、望外の幸せです。

■奇跡の自然■

目次

第Ⅰ部

小網代の谷は いかにして守られたか

森の上部から干潟を望む

【講演会の記録から】

◇小網代の保全と未来を考える（2004 年）

◇いのちあつまれ小網代・20 年（2007 年）

◇ Koajiro 過去未来：
変わる生きもの・変わらぬ小網代・変わるまなざし（2008 年）

◇提案から 20 年、小網代自然教育圏構想実現へ（2010 年）

◇湿地回復・干潟保全・支援会員・新しい連携（2011 年）

■小網代の保全と未来を考える

2004年8月14日
[三浦竹友の会での講演]

谷（森）の保全活動が、行政と市民活動の具体的な連携時代に入ったのは、2002年の春。行政的には2001年度第4、四半期に入ったときのことでした。その春から5年にわたり、まだ任意団体だった小網代野外活動調整会議は、「かながわボランタリー活動推進基金21」の助成をうけ、小網代保全を担当する県緑政課と保全の方向を確保するための協働事業に着手したのです。まだほとんどが民有地だった小網代の谷での活動は、通路の整備・安全確保、訪問団体の調整、自然の状況のチェック、そして先行的に確保された大蔵緑地（アカテガニ広場）の環境整備、そして夏のカニパトなどでした。自己負担金も必要な多難な協働でしたが、調整会議の意気は高く5年間の仕事を立派になしとげたと思っております。その協働が本格化した2004年の夏、三浦竹友の会に招待されて、小網代保全の歴史、現状、未来を語る機会がありました。小網代保全の状況や課題の全体像に関して、当時の調整会議の認識をしるす貴重な証言になっているかと思います。全体保全にはまだ20年も30年もかかるだろうという当時の感想は、行政の突出した努力を得て、その後一気に早まり、予想はずれになりました。ありえない予想はずれ。嬉しいというほかありません。

一　小網代は首都圏の自然の拠点

◎小網代は森と干潟と海

小網代野外活動調整会議の岸といいます。よろしくお願いします。冒頭から本題で恐縮です。まず、小網代の自然について、ひとまとめしておきたいと思います。

小網代というのは、関東―首都圏、東京・神奈川・千葉・埼玉・茨城、場合によっては長野の一部、国土交通省などは山梨を入れたりしますが、この中でも有数の自然の拠点です。地元の方があまりそう認識していないのですけれども、本当に、とても不思議な自然の拠点なのです。もしかすると、日本列島の中でもかなり不思議な自然。もっともしかすると、地球の北半球の同じ緯度をぐるっとくって、そういう領域でも、かなり不思議な自然かもしれません。

どういう意味で不思議な自然なのか。小網代へ行きますと、源流の水の染み出す森から細道を歩いて約一二〇〇メートル。森が湿原になって、干潟になって海になるのですが、その間自動車道路が一本もありません。住宅がまったくありません。谷全体の中に別荘のような建物がかつて二軒ありました。一軒は数年前に焼けました。もう一軒もほとんど使われない状態で、川辺に小さな家があります〔注：現在は管理用の資材庫として利用されている〕。そのほか、谷の中に人工的な道路や街は、まったくない。小網代の浦の川に雨の集まる範囲を「流域」といいますけれど、その流域が、人工的な施設をほぼまったく含まず、ひとまとまりで残っているのです。これを表現するのに、「小網代は、森と干潟と海が一体で自然のままの集水域（流域）生態系」という表現を、われわれはずっと使ってきました。

どのくらい不思議なところなのかということですけれども、一九九〇年に首都圏全域の航空写真を隅から隅まで全部調査しました。調べてみると、一〇〇ヘクタール前後の規模の海辺の領域で、源流から海まで、街や道路に寸断されない自然の流域、集水域が残っているのは小網代だけ、一九九〇年の時点でここ一カ所ということがわかりました。日本全国でもこういう場所が百カ所、二百カ所ということはありませんで、おそらく、多く見積もっても数十カ所というものではないかと思っています。全国的な調査はできていませんが……。小網代は首都圏でただひとつ、源流から海までひとまとまりで残された自然の流域、生態系なのです。それだけでも、首都圏の地形、生態系としての天然記念物にしてもいいくらいの場所だと、わたくしは思っています。

◎多様な地形／生きものたちの賑わう流域

そういう場所ですので、源流の森から、谷の湿地から干潟、海まで、実に多様な地形があります。急峻な崖があります。川があります。膝くらいまで沈んでしまうぬかるみもあります。がらがらと岩の崩れる場所もあります。実に多様な地形のある谷なのです。その多様な地形それぞれに、棲みやすい生きものが暮らしますので、小網代の谷というのは、生きものたちの賑わいが大変に濃い谷でもあるのです。

全体でどのくらいの生きものがいるのかよくわかりません。三浦半島にはいないことになっているのですが、キツネが出入りしている気配があります。タヌキはたくさんいます。イタチが出入りします。ノウサギがいます。オオタカがきます。ミサゴというワシタカがきます。フクロウが鳴きます。もちろんヘビもたくさんいます。マムシもいます。たくさんの昆虫がいます。貴重な植物がたくさん生えています。小川には、カニやエビやハゼたちが棲んでいます。

今現在、私とその周辺の生物に関心のあるスタッフが調べあげた生きものは、二千種ほどになると思います。おそらく、全体で三千種くらいの大きめの生きものが見つかるだろうと予想しています。小網代は、多様な地形にたくさんの生きものたちの賑わう、難しい言葉でいうと「生物多様性」、英語では「biodiversity」といいますが、生物多様性の一大拠点でもあるのです。流域まるごとの地形が不思議なだけでなく、そこに、とても賑やかに生きものたちが暮らす、不思議な不思議な場所だということです。人は小網代に行くと、生きもののシャワーに浸ることができる。そういう場所なんですね。

◎小網代の谷を象徴するアカテガニ

この自然のまとまりの不思議さ、そこに生きているたくさんの生きものの賑わいを象徴してくれるような、そんな生きものがいないものか。その生きものを頼って、その生きものと一緒に頑張っていったら、小網代全体を守っていくという世論を育てるのに大きく貢献してくれるような生きものがいないか。私は考えていました。小網代に入り始めて、今年で満二十年になりますが、入り始めてからずっとそれを考えておりまして、アカテガニ、小さい頃から仲良しだったカニですが、アカテガニに頼ろうと、決めたのです。

アカテガニは普通種なので、天然記念物になるようなカニではありません。おそらく皆さん、横須賀や三浦半島各地に住んでいらしたら、うちの台所に来て飯粒を食べているよ、どぶを歩いてるよ、と思い当たる方がいらっしゃると思います。日本全国、暖流の流れるところは、日本海側も太平洋側も全域で暮らしています。ただし、昔に比べれば激減している。小網代は、そのアカテガニが特別たくさん、賑やかに暮らしている場所なのです。

このアカテガニは、普段は森の中あるいは湿地、谷全域の陸の上で暮らしています。谷底の崖から、相模湾を見渡す尾根のてっぺんの巨木の根もとまで、小網代はどこへ行ってもアカテガニが見つかる谷です。ところが、赤ちゃんは海でしか暮らせません。夏、六月末から九月の末にかけての満月の晩と新月の晩、大潮の晩です。前後の数日に、雌ガニたちは大挙して陸から干潟の縁へ降りてきて、そこでお腹いっぱいに抱えた、「ゾエア」と呼ばれる赤ちゃんを海に放します。卵を放すのではありません。産卵ではないのです。卵が放たれているのではなくて、放たれた瞬間にミジンコのような幼生が現れます。お腹の中から出てくるのではないから、お産というのもおかしいので、「放仔《ほうし》」という少し難しい言葉を私たちは使っています。

赤ちゃんは脚が二対四本しかありません。カニは五対十本ですけれども、親とはまったく似ていない幼生です。幼生は一ヶ月間海を漂って、何度も脱皮をして、プランクトンを食べて大きくなって、一ヶ月ちょっと前くらいに「メガロパ」というもうひとつ形の違う幼生になります。このメガロパというのが不思議な幼生で、しっぽをたたむとカニの形をしています。脚は五対十本あります。ところが、しっぽを伸ばすと頭の大きなエビのような形になり、すごい勢いで、高速で移動ができます。アカテガニは暖流にのる幼生暮らしをしますから、幼生は沖へ沖へと行ってしまいます。それがメガロパになると、高速艇のような状態になって、たぶん真水の匂いのするところに、ものすごいスピードで帰ってくる。ちょうどこの八月、昨日もメガロパを採集確認しましたが、六月末から七月始めに海に放たれた幼生は、メガロパになって、小網代の湾の奥にどんどん戻ってきています。

一ヶ月たって帰ってくると、真水のある岸辺の石の下などに隠れて、三回程脱皮をします。一回脱皮をすると一ミリメートルのカニになり、二回脱皮をすると二ミリのカニになり、三回脱皮をすると三ミリのカニになり、四回脱皮をすると四ミリのカニになる。そんな感じ。一回脱皮すると一ミリくらいずつ大きくなります。一匹ずつ全部に印を付けて、何十匹というゾエアを育てて、研究をしていたことがあるのです。それで、三ミリから四ミリになると、ようやく水から離れて、少し乾いたところに上がってくることができる。秋風の吹く頃、十月、十一月に森の中で冬眠に入るんですね。

そして翌年の五月末くらいに、黄色い小さなアカテガニの赤ちゃんとして、森の中に登場します。脱線ですが、アカテガニのゼロ歳の子ガニは、鮮やかな黄色をしているのです。小さなときは黄色ガニなのです。せっせと餌を食べて大きくなって、繁殖可能なサイズになると、青黒い地に、黄色や赤の模様、オスは爪の真っ赤なアカテガニになる。うまく大きくなった子は、その年の夏に山から海に降りて行きます。うまく大きくなれなかった子は、二年目まで待って降りて行きます。そして、おそらく数年の寿命を終えて大地に帰る、そういう暮らしをしています。二十年以上生きたという飼育記録が記された論文がありますが、普通は、三年から四年の寿命と思われます。

そういう暮らしをしているアカテガニを、私は、小網代の地形と小網代の生きもの全体の代表選手にしようと思い立ちました。小網代は森と干潟と海がセットの貴重な生態系。アカテガニは森で暮らして、干潟で子どもを放して、海で育ってまた森に帰ってくる。その生態系の広がりの全部を使って暮らしています。アカテガニが賑やかに暮らす森と干潟と海をしっかり守っておけば、その傘の下で、何千種かの他の生きものは全部守られる。これは、アメリカなどの自然保護運動の領域では、「umbrella species」(雨傘種とか天蓋種)といわれる存在なんですね。そういうよい位置にいる生きものと、広く市民が仲良くすることによって、その生きものをみんなが大切にしていくことによって、地域の生態系全体への理解が広がって、地域を丸ごと守っていける。そういう手法を、小網代は、実はスタートから意識的に活用してきました。

二 開発計画と保全の歴史

◎三戸・小網代開発の計画

この小網代が、一九八〇年代半ば、大規模な開発計画に組み込まれました。「三戸・小網代開発」という名前の、一六〇ヘクタールを超える開発計画です。一九八五年に京浜急行が発表した開発計画を見ますと、小網代の谷の上部はほぼ全域がゴルフ場。湾の入り口はコンドミニアムとホテルとマリーナで改造される。白髭神社とその後ろの岬は、二千人規模のホテルになる予定でした。これは当時の三浦市の財政状態とか、バブルの頂点を迎える時期、その社会環境、経済環境を考えると、無理もない計画かという気もしたものです。

三浦市というのは本当に財政状況の厳しい市で、必需の仕事をやると、あとは、市長さんなり行政職員が裁量で使えるお金は、えっ、こんなもの？　というくらいしかない。その三浦市が、神奈川県の一番貧しい市の仲間から離陸するためには、京浜急行と大規模地主の方と組んで、ゴルフ場をつくって、大規模にお金をつくって、道路を通し、鉄道も通し、住宅環境を整備し、農地も整備する、五点セットと当時いったのですが、そういう作戦を立てたことを、私は十分理解できる。当時、ゴルフ場の会員権は、場合によっては一人六千万円との想定もあったと聞きました。もしその通りいけば、ゴルフ会員権を売り上げたお金だけで開発計画の作業は大半できてしまったかもしれません。それに対応して、小網代を大リゾート基地として、京浜急行が品川から、小網代ゴルフ超特急を走らせるという話もあったのです。

そういう話のど真ん中に、どういう縁があってか、大学の友人に、ちょっと森を見てほしいと呼ばれて、一九八四年十一月十八日、森に入りました。十一月の薄暗い、少し小雨模様の、どんよりした曇りの、やや寒い日でしたけれども、入って何か身体がびりびりするというか、デジャヴに襲われたというか、自然というのはこういうものだと、これが探していた場所だというような感じがふつふつと沸き上がりました。私は横浜の鶴見で育ちました。正真正銘都市の子どもでしたが、街外れの谷戸《やと》とか川とかで、ただひたすら遊び暮らす子ども時代を過ごしました。その子どもの頃の幸せが、まさか四十歳も近くなって、この小網代の谷で、もう一回帰ってくるとは思いもしませんでした。本当に嬉しかったです。不遜な変な話なのですけれど、入ったときに、あっ、ここは残せるな、と思いました。こん

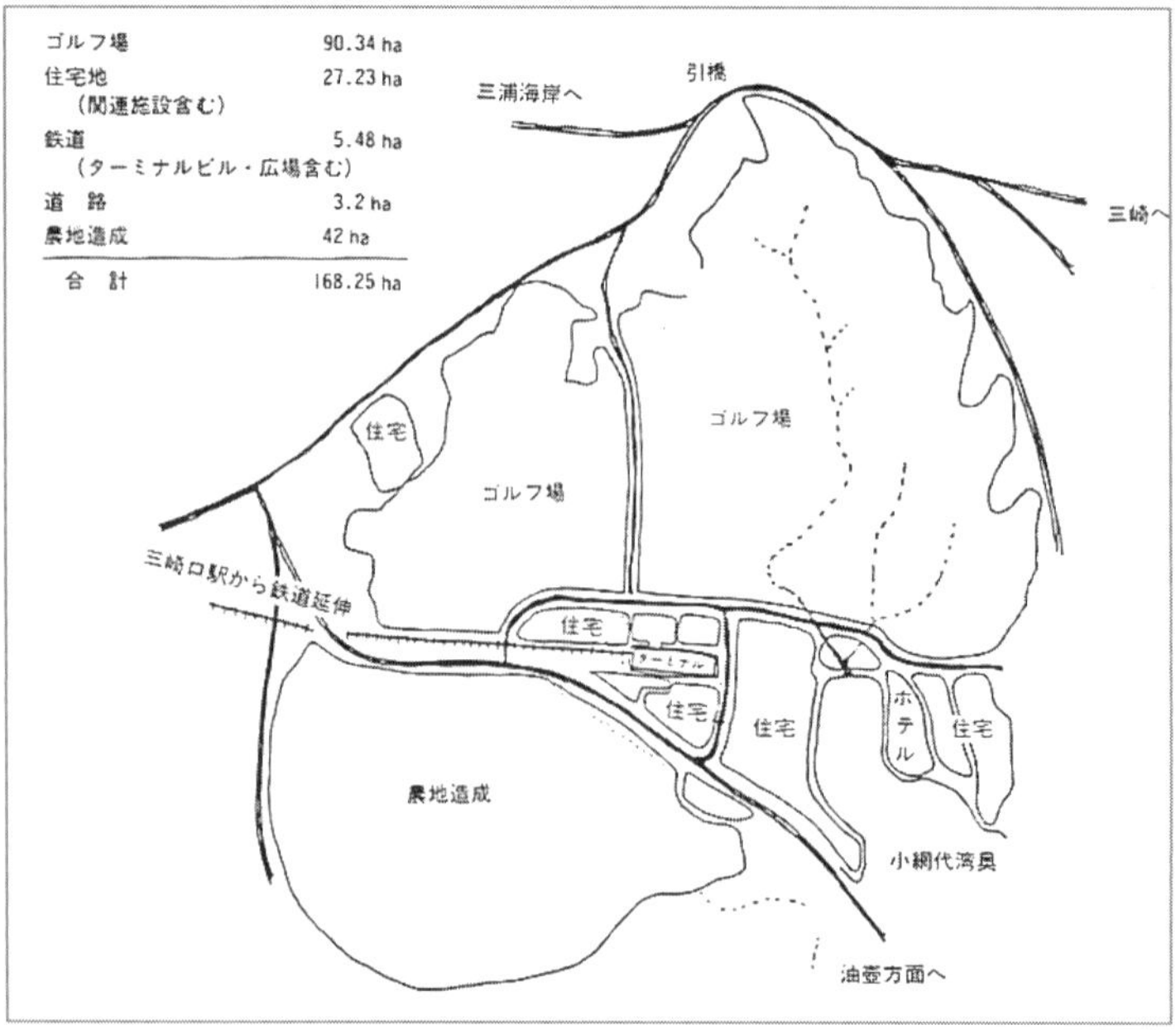

京浜急行の三戸・小網代地区開発構想概略図（1985年の京急・三浦開発基本構想から略写）

な変な自然は首都圏にあるはずがないから、これは全部残せる。ちょっと高慢なようですけれども、そうリアルに感じたのを覚えています。

そのときから、開発計画を調べ、確認しながら、小網代を丸ごと残す作戦を立てて動き出しました。まずは、運動のお手伝いをしながら、小網代の自然を紹介する本を書こうと、『いのちあつまれ小網代』という本を作りました。一九八七年に出したのですが、みんなに、小網代はこういう場所だと正直にお知らせして、小網代で活動する市民団体が、喧嘩をせずに仲良く進んでいけば、絶対に全部守れるという自信があったのですね。だから、最初の本を書いた「あとがき」(本書138頁に再録)に、こういう形で守れるというおこがましいことを書いて、たぶんその通りに実現したと思っています。行政も企業も一緒に動く、ナチュラリスト仲間も大きな喧嘩をせずに今まで来ることができた、そのおかげと思っています。

真っ直ぐにいってしまえば、小網代において大規模な開発を計画した京浜急行と地主さんが、私は、小網代を丸ごと守った最大の貢献者と思っています。京浜急行と地主さんがまとまった開発を企画しなければ、ここは第一種住居専用地域で、都市計画上は誰が開発してもいい場所ですから、ぼろぼろに開発されて、自然生態系としてはどうにもならない谷になっていたと思います。京浜急行と地主さんが、丸ごと開発するということを計画され、三浦市がそれを是として動いたから個別開発が止まり、全体保全への道がついたということは、都市計画の皮肉ですけれども、本当の話だと私は思っています。小網代が守られたら、最大の功労者は、文句なしに地主さんと京浜急行さんですね。

さてその計画がどうなったかといいますと、いろいろな努力があって、計画変更されました。過激な市民活動をする人は、小網代の市民活動が小網代の開発計画を止めた、あるいは阻止した、ゴルフ場計画を粉砕したなどというイメージでとらえますが、実感としてはそれは大間違いです。正式にいいますと、三戸・小網代開発の中身が変わった、大規模に変わっただけ。開発計画Aが、開発計画Aダッシュになることによって、小網代の森が全部残った。そういう展開なのです。つまり、市民運動ががんばって行政を倒したなどというのではないのです。地権者と行政が計画を変えてくれた。ただ、変え方があまりにも大きかったために、計画がすっ飛んだと誤解を与えています。どう変わったかというと、ゴルフ場をつくる、コンドミニアムをつくる、ホテルをつくるというところを、全部自然のままにして、しかし、開発計画は開発計画なのです。このあたりが、ポイント中のポイントかと思っております。

一九九四年頃に、当時の久野・三浦市長が、開発といいながら実は保全せざるを得ないということを本当に早くから判断されていて、われわれと喧嘩をせずに、「おれは立場上開発というが、保全の方向にきっといくだろうから、付き合ってくれ」、という姿勢をずっと出してこられた。本当にありがたいと思っています。そのご判断を追うように、九五年に県が保全やむなしという方向になって、九七年に保全七二ヘクタールが正式に表明されて、もう、今は一部が買い上げられています。地主さんも一部で土地の売却に応じてくださっているので、あと十年かかるか、二十年かかるか、あるいは三十年かかるかわかりませんが、粛々と土地を買い上げて借り上げて、小網代全域は自然をしっかり残した緑地として、三浦市と神奈川県と、それから首都圏のものになる。そういう状況です。

◎小網代の谷の保全を前提とした別の開発を工夫する運動

この歴史の中で、私たちは、小網代の谷を開発計画の中で保全するというテーマに取り組んできました。これは難しいのです。署名運動をやったり、新聞に厳しい報道をお願いしたり、テレビで騒いだり、あるいは政治家を呼んできてわぁっと騒ぐほうが、わかりやすいし、何か一見格好よさそうに見えるので、そんな運動をついしてしまうのですが、それを逃れて逃れて、決してそういう運動に走らないで、小網代の保全を達成してきた。小網代を守ってきたのは、そういう市民の集団だったのです。

八三年に「ポラーノ村を考える市民の会」というのができました。私はその代表と大学で同僚なので呼ばれてきたのですが、それから「小網代を支援するナチュラリスト有志」という集団ができました。私がそのリーダーをやって、いろいろ調査をし、本を作って、県にいろいろ資料を届けるというようなことをやりました。さらに「小網代から学ぶ会」という地元の方が代表をする会も、九〇年以前の一時期活躍してくれました。

一九九〇年、今日この集まりを企画された「小網代の森を守る会」という会が、三浦を基盤にして設立されました。以後こんにちまで、小網代保全の中心団体は、小網代の森を守る会〔注：二〇一一年に「小網代の森と干潟を守る会」と改称）が果たしています。さらに九八年、もう数年前になりますが、小網代の森を活用する、保全活動には参加しないが活用はする、保全活動に積極的に関心がある、そういう団体が十団体ほどつながって、「小網代野外活動調整会議」という、これはいろいろな調整、喧嘩をしないでうまくみんなでやっていこうという、調整組織ができました。私は今、名目的にはその組織の代表をしております。

これに「いるか丘陵ネットワーク」、「かながわトラストみどり財団」、「神奈川県環境農政部緑政課」などという、市民の広域ネットワーク、神奈川県の財団、さらには神奈川県の行政そのものが複雑に連携、協働して、現在の小網代の保全活動を推進しています。

◎たくさんの報道支援

保全活動を推進する歴史の中で、とても大きな役割を果たしてくれた要素のひとつが、実は報道でした。神奈川新聞、読売新聞、NHKをはじめ、いろいろなところが、いろいろな報道を流してくれました。テレビ報道では、一九九〇年にNHKの『地球ファミリー』というゴールデンタイムの自然番組が、四十五分ほど小網代の映像を流してくれて、これが全国的に非常に強いインパクトを与えたかと思います。テレビ神奈川も流してくれました。多分どこかにライブラリーがあってビデオで見ることができるはずですね。どこもここもそろって、告発調の映像は皆無のはず。小網代報道を思い立たれる団体は、大体みんな、告発調の、開発を阻止する作品を作りたいといって来られるのですが、お茶を飲んだりし、なだめたりすかしたりして、理解をしていただいて、小網代でそういうことをされたら、地権者、政治の人たち、みんなぎしぎしになって、喧嘩状態になって、守れるものも守れない。小網代では誰かを悪者にする必要はまったくないので、ただ小網代がどんなに素晴らしいところか、カニがどんなにおもしろいか、それだけ流してくれればいい。いつもそういうお願いをしてきました。

しかし、報道のすべてがそのお願いを聞いてくれたわけではありません。大体平均すると、ここ数年は毎年五社くらい、テレビその他の映像の報道要請がくるのですが、そのうちの二社くらいは決裂して、報道をお断りしています。今年もあるテレビ局が、いくらいっても、アライグマを告発する映像を小網代を舞台に作るといい張りまして、岸さんのいうことは聞かない、小網代は岸さんの代表する組織の小網代ではないというので、報道への協力はお断りしました。今、映像を作っているかどうかわかりませんけれども、事態をよく理解しないで、過激な報道をされてしまうことが、どれだけ関係者の心を傷つけるか、なかなか報道はわからないですね。かつて、いくらお願いしても守ってくれずに、むりやり報道をしてしまったために、地主さんが本当につらい思いをされたり、市長がすでに守るほかないと覚悟しておられたのにカメラの前では開発するというほかなくなったり、本当に困ったことがあります。そのときは報道した担当記者は、後日異動になったとも聞いています。報道への対応は、本当に難しいです。小網代のようにいろいろ注目される場所になってしまうと、そこで一旗揚げたいという便乗主義の報道関係者が次から次へとやってきます。そういう人たちと喧嘩をせずに、まあまあといろいろいってお引取り願うというのが、私の最近の、一番大きな仕事かもしれません。

三　守る会／調整会議の保全活動

保全方針が決まってもほとんどが民有地。トラブルなくいかに保全を進めていくかが大きな課題です。おかげさまで、大きな協働のかたちができてきて、二〇〇四年現在、小網代の森は保全の方向に向かってなお粛々と進んでいるという状態です。この中で一番大きな、長い歴史を背負ってきた、人も動き、お金も使い、汗も流してきた、小網代の森を守る会と、小網代野外活動調整会議の保全活動について、少しお話しをさせていただきます。

どうして小網代の森で、「小網代の森を守る会」とか「小網代野外活動調整会議」の会がいろいろな活動をするのかというと、一番大きな問題は、小網代の森は市街化区域の中であまりに大きな緑地なので、一気にまとめて予算をかけて買おうとすると、たぶん数十億ではすまない。場合によっては百億かかる。そんなお金は誰も出せない。保全が決まったといっているが、実は保全したいという行政の方向が決まったというだけなのですね。保全はされていないのです。公園ではありません。小網代の谷のほとんどは、いま現在、なお私有地です。あそこでキャンプをしてはいけません。山の中を勝手に歩いてはいけません。でも、知らない人は、キャンプをしてもいいと思って、キャンプをしてしまいます。知らない人は、勝手に遊んでもいいと思って、森でバーベキューをやってしまうのです。

どうしましょう？　行政の職員がいつもいつも、ここは保全の方向は決まったが、まだ公有地ではありません、ここには入らないでください、ここに入ったら地主さんともめますといって回る、そういう予算や仕事はつくれない。それを小網代を愛しているナチュラリストたちが、市民団体が買って出ているのです。それを地味にじっくりやり続けてきたのが、「小網代の森を守る会」、「小網代野外活動調整会議」ということです。

◎「かながわトラストみどり財団」と連携したトラスト会員加入促進活動

保全の方針が決まったものの、小網代の森は、いま現在（二〇〇四年）も、ほとんどが民有地です。ここをトラブルなく、いかにあと十年、二十年、三十年かかるかもしれない長期戦の保全を進めていくか、それが大課題です。これを進めるために、小網代の森を守る会は、「かながわトラストみどり財団」という神奈川県関連の自然保護の財団と、一九九〇年から強い連携関係を組んでいます。県と、県の外郭の財団と協調しながら、いってしまうと、危ない仕事は一手に引き受ける。例えば、谷の中で訪問者が事故にあいそうな場所ができたら、沼地にアルミの板を敷いたり、倒木を処理したり、陥没穴を埋めたりと、自主的に可能な手当てをします。三浦市や神奈川県と調整して、そういう土木工事のようなことを粛々とやるわけです。あるいは、子どもたちが大量に入ってくるとなると、どこに蜂の巣がある、どこが危ない、夜にくるとなれば頼まれなくてもスタッフが付いて安全対応をやります。夜だって活動するのは勝手でしょという解釈もあり得るのですが、かつて何度もあったのですが、事故が起こってしまえばそれでおしまい。小網代はそういう事故を起こす場所かとなってしまえば、もう一度穏やかな枠組みを立て直すのは本当に大変です。だから、場合によっては、有料でイベントを実施する団体に、わざわざ参加料を支払って参加者になり、危険対応は全部お世話をしてあげるなどということを、繰り返し実施してきました。そういう忍耐集団のようなところがあるのです。

そんな活動にずっと組んでくれたのが、「かながわトラストみどり財団」です。この財団は、神奈川県の自然保護を推進する財団で、そういう意味では民間なのですが、「みどり基金」という基本的には神奈川県が積み立ててきたお金の利子も活用して運営されている財団ですので、行政関連の財団でもあります。この財団が、例えば保全推進にかかわる作業の便宜を図ってくれたり、小網代の保全推進のための県と民間の会議をずっと主催してくれたりしています。

その財団、かながわトラストみどり財団が、トラスト会員を募集しています。神奈川県で、神奈川県の基金を使った自然保護を推進しようと思う人は、是非、このトラストの会員になってください。その会員の数が、世論となって議会を動かし行政を動かして、基金運用も促して、保全が拡大していく。そう期待するロジックですね。一九九〇年、このトラストと組み始めた直後から、小網代の森を守る会は、トラスト会員拡大運動を買って出まして、当初、アカテガニの観察にきてくれる子ども、大人、学校、会社などもあるのですが、そういう人に呼びかけて、一年に千人、五年程の間に四千人の会員が集まりました。これがかながわトラスト運動の、非常に大きな飛躍のバネとなったために、たぶん財団は、小網代の森を守る会と小網代野外活動調整会議に大変強い信頼を置いてくださっていると思っています。その会員の数の力というのがやはりあるのですね。県知事の小網代保全の決断にも、たぶん、大きく関与したと思っています。関与しましたと書いてある証文があるわけではありませんが。

◎「カニパト」を中心とした各種パトロール活動

その財団、あるいは県と連携しながら、小網代の森を守る会、小網代野外活動調整会議が推進している一番大きな仕事が、自然観察とクリーンアップ、それから各種の広報活動、と同時に進めるパトロール活動です。パトロールというと、ちょっと恐そうですけれども、先程もいいましたように、小網代はほとんどが民有地で、保護された場所ではありません。そこで、谷に入ってきた人が、地主さんとトラブルを起こすことのないように、でも、せっかくいらしたのだから、賑やかな自然に触れて、とっても豊かな体験をして帰ってくださるように、さらにできることだったら、まだここは、みんなが努力して保全の活動をしている最中のところなのだから、活動にも参加してくださるように促す。危険対応・自然のガイド・保全協力依頼、この三つを柱にパトロールをするわけです。パトロールは、今四つ動いています。

ひとつは「道パトロール」で、寒い時期に、スタッフがほぼ毎週日曜日に谷を歩いて、危険カ所をチェックしたり、あるいは訪問者の対応をしたりしています。

暖かい時期、カニの季節の始まる前に「花パトロール」というのをやっています。主旨は同じ。一緒に植物を調べて回ります。

もうひとつは「鳥パトロール」というのがありまして、あまり規模は大きくないのですが、鳥の大好きなスタッフが谷の中で観察をして、今どういうワシがきているとか、どういうタカがいるとか、フクロウが鳴いたというような情報を集めています。

一番大きなパトロールが、今日、夕方参加していただくことになるかもしれない「カニパトロール」です。始まったのは一九九〇年です。テレビに流れるといろいろな人がやってきて、地元の人とトラブルが起きます。地元の方のおうちの脇で焚き火をしてしまったり、蚊取り線香を焚いてそのまま帰ったり、困ったことに、学生がバーベキューをやり始めたり。バスで百人、二百人が乗り付けるというようなことも起こります。テレビで流してしまった岸さんたちの責任でしょうと、地元からいわれます。その対応のため、まず有志が夕方になると、アカテガニの放仔の時期に湾の奥に行って、コーヒーを入れて、人がきてもこなくても人待ちをして、人がきたら、ここは、こういう日は観察をするけれど、こういう日は観察ができないので協力をしてくださいというようなことを、延々と、喧嘩もありましたけれどやりました。一九九六年に、参加してくれる団体がかなりの数になったので、「カニパトロール」という組織にしました。

一九九八年に「小網代野外活動調整会議」という、ちょっと大きな、規約のある、約束事に従って進むという会ができたので、カニパトロールが本式の大きな形になりました。カニパトロールはスタートが九〇年、形ができたのが九六年。一九九八年、調整会議のカニパトロールになって、今年が六年目ということになるかと思います。

「カニパトロール」は何をやるかといいますと、大潮の夜、新月と満月の前後数日間、湾の奥でスタッフが待機していて、特にどなたにいらっしゃいというようなことをするわけではないのですが、放っておいても人が集まってくるのですね。その人たちに、これから小網代の森のアカテガニのドラマを見ていただく心構えとかマナーのお話をして、それから安全対応のお話をして、同時に小網代保全に協力してくださいというインストラクションをさせていただくということをやっています。そのための用地として、神奈川県が数年前に確保してくれた、大蔵省から譲り受けたので「大蔵緑地」といっていますけど、その大蔵緑地に、県と調整会議の予算を出し合って、「アカテガニ広場」というのをつくっています。アカテガニが無事に暮らせるようなカニのアパートだとか、アカテガニが脱皮できる池だとか、そこで観察者がアカテガニを攪乱しないで、座り込んでお勉強できる、ちょっと足元のしっかりしたスペースだとかを整備して、神奈川県がいろいろな機材を置く小屋も設置してくれています。大体、七月、夏休みの入り口から、八月いっぱいパトロールが続きます、と同時に警備というのもいたします。パトロールをするには高校生とか大学生とか一般市民。多い場合には十名から二十名のスタッフが必要です。そういう人たちの交通費も、われわれがいろいろなかたちで工面しなければいけません。毎日毎日パトロールを組むわけにいきませんので、パトロールの組めない日、でも人がきてしまいそうな日は、去年までは会で頼んで、警備会社の方に警備してもらいました。これは、やってきた人に、今日は観察は無理ですので、別の日に、お約束の日に来てくださいとお願いをしたり、トラブルが起こってしまったら、そのトラブルの最低限の調停をしたりという仕事を警備会社に頼んでいたのです。しかし警備会社の方が経営不如意になって、仕事ができなくなったというので、今年からは、調整会議のスタッフが警備も実行することになりました。警備というとちょっと雰囲気が恐いですが、小網代の森をしっかり守りながら、アカテガニのお世話もし、自然に迷惑をかけず、保全の工夫も進めていく、そのためのお願い活動と思っていただいたらよいかと思います。

先程ちょっといいましたが、神奈川県との協働事業ということで、今年で四年目になりますけれど、予算を出し合って、小網代の森の保全整備を進めています。順調にいけば、来年までの予定ですので、全体で数百万円のお金を県から支出してもらえる。会の方からも、どのくらいになるのか、二百万円近くのお金を出して、県からお金をもらってやっているのではなくて、会からもお金を出して、両方の協働の作業として保全パトロール活動を推進しています。その先をどうするか、まだわかりませんけれど、たぶん、小網代野外活動調整会議が早い時期にNPO法人になって、みなさんの支援を得ながら、今やっている活動を止めてしまうわけにいきませんので、県ともご相談して、仕事を進めていくのだろうと思っています。

四　小網代を守る活動の現在

◎関連組織

お手元のレジュメに個々の団体の名前が入っていますが（次頁）、こういう情報も重要だと思いますので、お話をさせてください。今、小網代野外活動調整会議に参加している団体は、ここにあげてある十団体ほどです。

「小網代の森を守る会」は、国連におけるアメリカや日本といったらおかしいですが、一番お金を出す、人も出すという存在です。

「NPO流域自然研究会」は、私が代表をする会で、かながわトラストみどり財団などと連携していろいろなことをしますが、ここが小網代野外活動調整会議の事務局もするということで参加しています。

「横浜自然観察の森」というのがあるのですが、ここに友の会があります。そこのグループが、いろいろな形で支援をしてくれています。今日、カニパトロールに行かれると、「アカテガニがいっぱい」というとてもおもしろい紙芝居がありますが、それはここの会のボランティアがただで作ってくださったものです。

鶴見川流域は、鶴見川流域ネットワーキングに関連したいろいろな形の流域活動が活発です。その中心グループの一つである「鶴見川流域ナチュラリストネットワーク」が調整会議に参加しています。町田のグループ、「鶴見川源流ネットワーク」も、参加しています。

さらに「三浦ホタルの会」は地元の会で、昨日、会員の方が二十人くらいでカニのパトロールと自然観察にいらっしゃいました。

「三浦半島自然保護の会」は、三浦半島の自然保護の老舗の会です。

学校がいくつか参加してくださっていて、「神奈川県立大師高等学校」にはボランティア育成講座がありまして、たくさんの若者のボランティアが参加してくれています。ここが柱ですね。「神奈川学園」という中・高の女子校がありますが、ここも参加してくださっています。さらに「慶應義塾大学」、それから東京の「環境工科専門学校」、それから「和光大学」というのは町田と川崎の境にありますが、この三つの大学と専門学校の生徒たちが、主に肉体労働の一番きつい調査等を支えてくれています。

この団体全体で「小網代野外活動調整会議」という調整組織をつくっていて、合意事項を持っていて、こういう約束で小網代の利用をしていきましょう、保全をしていきましょうという、そういう組織です。この組織が、一方でトラストの会員拡大活動、それから保全の対策委

関連組織

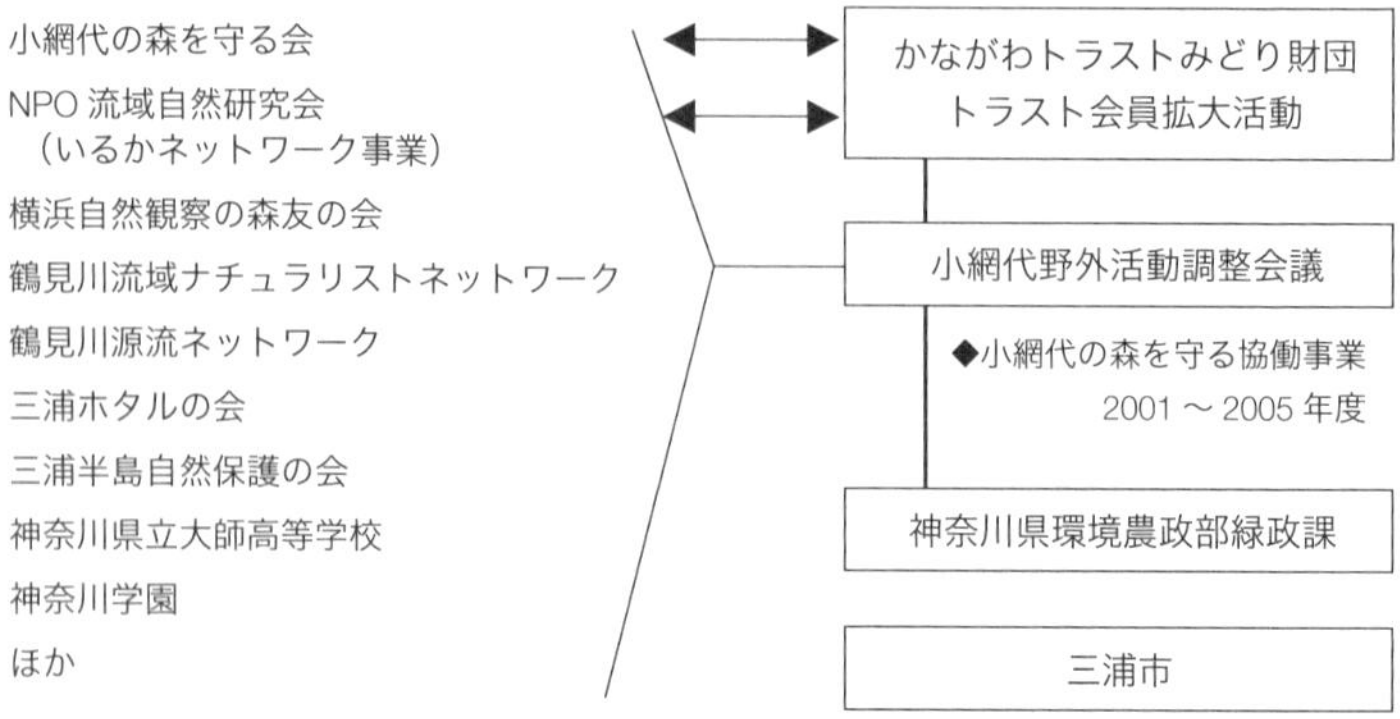

員会を運営するということで、かながわトラストみどり財団とずっと連携、提携しています。今日はあとで、小網代保全のためのトラストグッズという、Tシャツとかいろいろな売り物が出てくると思うのですが、これは調整会議とトラスト組織が、そろそろ楽しそうな、お土産のようなものを介在させたトラスト会員獲得もしなくてはいけないだろうというので、決断して、今年から始めた仕掛けです。

「神奈川県環境農政部緑政課」とは、小網代の森を守る協働事業、これは実際にお金を動かして、法律に基づいて連携行動をするというものですが、そういうことを推進している最中です。

一番下に「三浦市」とありますが、三浦市との関係は、いろいろな経緯があって、大規模にはならないのですが、職員の方が脇で支えてくださったり、いろいろな形で、見えない形の支援関係を結んでくださっています。

◎目標
小網代の活動をしている調整会議なり守る会は、何を願っているのかというお話をさせていただきます。

九〇年代の前半に、小網代の森を守る会、あるいはナチュラリストたちの集団から、県にいくつもの要望書、企画書を出しています。その基本コンセプトは、小網代の谷というのは、首都圏の子どもたちが、ここへきて一日遊んだら、地球に暮らしていると身体で、感性で実感できる、そういう子どもになれる空間なのだから、首都圏の自然の拠点として、あるいは自然を感じ・楽しみ・学ぶ学校として、自然教育とリゾートの機能を併せ持つような、自然教育圏構想を提案してきています。たぶん神奈川県は、われわれの提案を下敷きにして、いろいろなことを考えてくださっていると思っておりますが。

この構想は、小網代の森を厳正保全地域にして、子どもたちは出入り禁止というのではありません。子どもたちはどんどん入れます。ただし、子どもたち入ってきていいよ、いくらいたずらしてもいいよ、おしっこなんかしてもいいよというのでもないのです。賑やかな自然の中に浸りきって、でもマナーを持って、みんなの約束を守って、楽しく自然と付き合っていく子どもたちの自由な自然の空間として整備していきたい。そのためには、場合によっては、小網代の中央の森の隣の、すでに開発予定地になっている谷の中に、共同の宿泊施設があっていいじゃないか、将来、電車がガンダのところまで延びてきたら、そこと谷のインターフェイスの地域には、いろいろな素敵なトラストショップもあるような、自然の関連グッズが置かれるような、街ができたっていいじゃないか。そういう構想も含めた考え方です。この実現は、三浦市が本気になってくださると、三浦市と調整会議の連携活動として、たぶん、今年、来年あたりから、進んでいくだろうと思っています。

われわれは都市に暮らして、実は非常に不思議な人間になってしまっています。地球に暮らしているのに、足元が地球であるという事実が、見えない、わからない、適切に理解できない。そんな不思議な、宇宙人のような存在になっていると思うのです。しかし、実はどこに暮らしていたって、都市ののど真ん中にいたって、われわれの暮らしというのは、いつも大地のもとにあり、巡る水の循環のもとにあって、われわれは大地と空と海、川を含めた水の循環と、そこに賑わう生きものたちとともに生きているわけです。しかし、そういう観念、感覚というのを、ものの見事に喪失していく。どこにいたってそういうところにいるのに、忘れてしまう。有名な里山にボランティアに行かないと自然の中にいるということがわからなくなったり、アフリカのサバンナに観光旅行に行かないと大自然を感じられなくなったりするのですが、それは間違いです。そういう人間の感覚がはびこっているうちは、どう大声を上げても、地球の危機なんか救えるはずがないというのが私の考えです。

どうすればいいのか。私は鶴見川のど真ん中の、日本で一番汚い川と誤解されている流れの岸辺で、月に一回、草刈りをやってゴミ掃除をやって、綱島という街ですけれども、誰が見てもゴミの山と思われるところを、とっても気持ちのよい川辺の空間にするという運動に加担しています。十年やりました。一昨年あたりから、人がそこでお弁当を食べたり、恋人たちがやってきて写真を撮ったり、若者がギターを弾くようになりました。十年間草を刈って、自然のお世話をして、自然観察会をずっと続けてきたからです。そこに街の人がやってくれば、空気を感じ、大地を感じ、水を感じ、空を感じ、自然の賑わいを感じる場所を、わかりやすい場所をつくってきました。

小網代もそういう場所です。そこへきたら、誰もがお説教をされなくても、特別、講義を聴かなくても、ただ遊んでいるだけで、マナーを守った遊びをしているだけで、人は大地と海と空のもとに賑わう生きものたちとともに暮らす動物なのだと感じられるような、そういう空間です。そういう場所として小網代を守り、そして開放していきたいと、私たちは思っています。

先程もいいましたように、これはまだまだ続く小網代保全の物語の序章です。十年では終わりません、二十年では終わりません、多分全部まとまるのに三十年くらいはかかると思います。私はもう五十七歳。小網代の保全に二十年かかりましたけれども、終わるまでは生きていないと思っています。これは、誰がやり遂げたというようなことではなくて、継続することが重要で、多くの人が、その小網代の保全を粛々と仲良く進める輪に混ざってもらいたいです。

これが同時に三浦半島の保全運動であり、多摩三浦丘陵の保全であり、首都圏のすべての足元の水と緑を都市と共存させる運動になり、という、そういう広がりをつくっていかなければいけない、いくのだと思っています。

三浦半島につなげてあまり詳しい話をすると、それでまた二日くらいかかるので、詳しい話はしませんけれど、今、国の調整で、首都圏の自然の重点地域の抽出という計画が一段落をしまして、特に三浦半島、多摩丘陵地域というのは、予想通りですが、自然の重点が密集する場所だということがわかりました。三浦半島については、神奈川県が中心になって、全体構想をまとめたところです。多摩丘陵については、横浜市が中心になって、粗々なところをまとめました。三浦半島について神奈川県がどうまとめたかというと、大楠山を中心に国営公園を実現して、武山、小網代、あるいは双子山といった大きな緑地を、国営公園に準ずるような、具体的な中身は何もないのですよ、まだ計画も決まってないし、お金の算段も立っていないのですが、準ずるような立派な緑地として、みんなが大事にして、国営公園を中心にそのサブになるような、副核になるような地域とする。さらに街の一角の小さな公園、例えば、うちの裏の竹林だってよいので、それを含めた公園圏の構想を、三浦半島から発信していこうという、非常に美しい計画を取りまとめました。みんなの協力で、例えば、かなりのお世話をしなければいけない小網代をかかえた三浦市が、それに大きく参加して、三浦半島公園圏構想をさらに多摩丘陵にも広げ、房総半島とか関東山地にも広げて、というような展開になればいいなと思っております。これからまた二十年はかかる仕事だろうと思います。

これがひと巡りしたあたりで、小網代も立派に全域が公有地になり、小網代の自然教育園が開園する。ここにいる人でそこに参加できる人、招待されそうな人は、ぼくと同じようにあまりいそうにないのが残念ですけれど（笑）、今十代の後半で、ボランティアで一生懸命汗を流してくれている高校生たち、大学生たちが、参加できるようになればいいなと思っています。

五　支援していただける窓口いろいろ

最後に、こういう運動をみなさんに支援していただきたいと思っています。どうしたら支援していただけるか。

「かながわトラストみどり財団」のトラスト会員に、是非なってください。年会費が二千円。そうすると、年に四回会報が送られてきます。その通信には、小網代の森を守る会とか鶴見川とか、かながわトラストと関連して活動している、調整会議関連の諸団体のイベントが全部載りますので、例えば、今日ここにいらっしゃる方が、戸塚の人、あるいは町田の人、川崎の人、その近くで小網代を支えるネットワークの中にいる団体が何をやっているか、それを見れば一目で理解していただけます。

そして、是非、「小網代の森を守る会」の会員になってください。なっていただくと、よいことは、通信が二月に一回くらいずつきます。つらいことは、ボランティア活動に駆り出されます。きつい仕事は大体皆やらなくて、格好のよいことだけやるのですが、きつい仕事に是非混ざっていただきたい。私は、実は三浦の会とは今日がはじめてのお付き合いなのですが、自然保護といいながら、こんなに木を切っていいのかというくらい、木こりをする男で、たぶん首都圏で一番、木と竹を切っている教員の一人だと思います。ものすごい量を切るのですが、そういうことが身体の快楽としてある人たちに、小網代に行ってやたらに切られては困るのですが、身体を動かすことが苦でないという方に、是非参加して、お手伝いをしていただきたい。

それから、余力があったら、「いるか丘陵ネットワーク」などというのにも混ざっていただきたい。おもしろいイベントもあれば、名前だけ格好よくて、行ってみたら重労働というようなイベントもありますが、健康な日も病気の日も、助け合って人は生きていくのと同じように、つらいイベントの時も、楽しいイベントの時も、いるか丘陵ネットワーク、小網代の森を守る会、そして小網代野外活動調整会議、是非支援していただきたいと思います。

いずれ、時間があいたら、いかに精力的な竹切りをやるかということで参加させていただいて、いっぱい竹を切らせていただきますので、このようなことでお話を終わらせていただきます。

六　会場からの質問に答えて

司会　多少時間がございますので、ひとつふたつ質問を受けたいと思いますが、どなたかございませんか。

会場　アライグマはどうなっていますか。

岸　アライグマについては、あえて詳しい話をしなかったのですが、ここ数年、三浦半島全域で、ものすごい数になっております。農産物に被害があるということで、農家がわなをかけ、かかったものをわな業者の方が引き取ってくださって、獣医のところ、あるいは関連施設で、安楽死させるわけですけれど、去年は、先日県の資料を見ましたら、七百五十頭規模を捕獲し、捕殺しています。なお増えています。三浦半島全体では千頭、二千頭規模いると思うのですが、急増中です。頭を打ったか打たないか、まだわかりません。

とてもかわいい子どもを連れて歩きますので、ちょっとつらいのですが、アライグマが農産物に大きな被害を与え、小網代ではカニ類や鳥、川の中のいろいろな生きものに、かなりの被害が及んでいると思います。去年から今年にかけて、神奈川県とトラスト組織と協働して、流域自然研究会という

NPO法人、私のところが受託するかたちで、正式な研究をして、報告をまとめているところですが、被害は深刻です。一部では大規模なアライグマの捕殺活動を展開すべしという意見があって、環境省が、現在、法整備をしていますので、アライグマは、生態系への被害ということが特定されると、農業被害その他がなくても、大規模に捕獲して殺すことができるようになる。来年くらいからなると思います。

小網代でどうするかということについては、小網代のグループは慎重です。なぜ慎重かというと、アライグマは、別にカニだけを食べているわけではなく、他のものも食べていて、例えば、農地の周辺にスイカやウリなど、おいしそうなものを放置されてしまったり、街で生ゴミを放置してしまうと、それでどんどん増えてしまって、小網代でいくら退治しても、畑と街で増えるのです。小網代の中にどのくらいいるかというのが重要なポイントで、それを調べているのですが、妄想を抱く人は、小網代の森の中でアライグマが百頭も二百頭もどんどん増えて、あそこから湧き出して、農地や街に迷惑をかけているのではないかと想像するようですが、たぶん話は逆のようで、小網代の森で去年からずっと、アライグマを調査していますが、多めに予想しても、小網代の森の中と周辺で、二十頭はいないと思います。同時に確認された最大数が五頭。徘徊している足跡等を詳細に調査しても、谷の中で自然を攪乱する位置にいるのは、十頭前後です。今ちょうど子どもを連れて歩いているので、少し数が増えていますが、秋になると子別れして、また散っていきますから、日常的にいるのは十〜二十頭。緑の民家で餌をやってる人がいると、うちの庭で五頭飼っていますという人が出てくるかもしれませんが、谷の中で自然に暮らしているアライグマは十〜二十頭だろうと思います。

私たちは、調査をしながら、さしあたり、アカテガニが全滅しないように、カニが全滅しないように、具体的な対策を講じて、効果をチェックしています。アライグマへの対応は、みんなの意識が高まって、コンビニのラスカルキャンペーンなどは早く止めてもらって、アライグマが可愛いとあれだけキャンペーンを流されて、一方でアライグマは殺せというのは、私はおかしい社会だと思います。アライグマを全滅させる、そんな興奮を私はあまり好きでないのです。それでは、岸さんはアライグマと共存かと、目がつり上がる恐い人もいるのですが、別にアライグマと共存しろといっているわけではなくて、アライグマ絶滅といわなくても、やることはいっぱいあって、みんながやるべきことを粛々とやれば、アライグマの数は当然減っていきます。例えば、カラスを全滅させろといって、見つけたカラスを全部空気銃で撃つという作戦を立てる必要はなくて、みんなが生ゴミを抑えていけば、カラスは減っていくでしょう。アライグマも全く同じという理解が必要で、小網代は、アライグマの挙動を逐一抑えて、対策はしておりますが、今、小網代が中心になってアライグマ撲滅の運動をするという合意はつくっておりません。

司会　どうもありがとうございました。それでは、先生のお話はこれで終わらせていただきます。どうもありがとうございました。

※アライグマのその後については、70頁をご覧ください。

■いのちあつまれ小網代・二十年

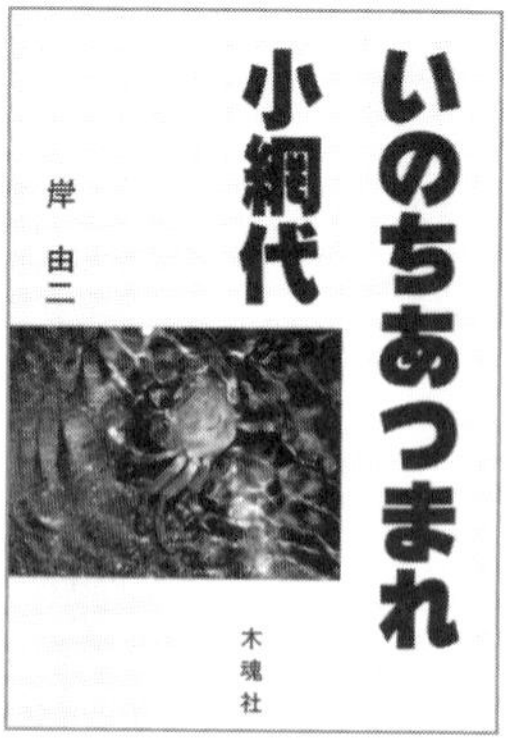

2007 年 8 月 26 日［第 18 回小網代の森を守る会総会での講演］

2005 年は、小網代保全にとって本当に大きな節目となる年でした。同年 3 月をもって神奈川県との協働事業を終了した小網代野外活動調整会議は、協働事業の選考委員会などからの要請もうけ、NPO 法人として再出発することとなり、手続きを開始。9 月に、諸団体の連携する任意団体当時の県との協働的な事業担当も継承しつつ、特定非営利活動法人小網代野外活動調整会議として新たな出発を遂げることとなりました。これを励ましてくれるかのように、同月末、国土審議会が、小網代の森 70ha を、首都圏近郊緑地保全区域に指定したとのニュースがとどきました。以後、調整会議は、各種の民間助成金を頼りに、県ならびにかながわトラストみどり財団との協働事業をさらに推進する展開となってゆきます。そして、2007 年、『いのちあつまれ小網代』を出版して 20 年の秋が巡ってきました。20 年の歴史を思い、保全から、維持管理の主体として、さらに小網代の谷のお世話に没頭してゆく調整会議の未来を思うお話をする時間が、与えられました。夏のカニパトをしめくくる小網代の森を守る会総会での講演です。

守る会の総会にあたり、講演の時間をとっていただいたことに、感謝申し上げます。

演題は、「いのちあつまれ小網代・二十年」とさせていただきました。『いのちあつまれ小網代』は、いまから二十年前の秋、小網代保全活動の神話時代に記された、すでに古文書のような本です。そこには、小網代の危機を訴え保全を願う大きなビジョンと、二十年前の小網代の自然とともにあるナチュラリストの日々の記録と、アカテガニへの注目と、そして二度の改訂・増刷ごとに記された保全への道のりの記録が記されています（本書138～150頁に再録）。二〇〇五年、近郊緑地保全区域に指定され、小網代の保全・活動が新しい時代に入った今、神話時代のその古文書をもう一度ひっぱりだして、私たちの歩みの基本と、歴史と、未来を検証できないか。そう考え、お話をさせていただきます。

◎小網代保全の二十四年

小網代保全の市民活動が、「ポラーノ村を考える会」の名前で開始されて満二十四年になります。私が小網代に最初に入ったのは、『いのちあつまれ小網代』の冒頭の記録の日、一九八四年の十一月十八日のこと。それから二十三年。さまざまな人々の献身と、幸運をへて、二〇〇五年小網代は国土交通省によって近郊緑地保全区域に指定され、いま全面的な土地の公有化をめざす行政の最後の努力と、これを応援して自力で小網代の保全・管理・活用をサポートするNPO調整会議の努力が進められています。この坂を乗り切れば、行政による本格的な管理・保全・活用の時代を迎えることができるはずと、私たちは強く期待しています。NPO調整会議、そして守る会を筆頭とする小網代野外活動連携ネットも、奮迅の力を振り絞って、もう一歩、二歩、前に進まなければいけませんね。そのタイミングが『いのちあつまれ小網代』出版二十年の節目にあたっています。

◎一九八七年　定住的な活動への転換期

『いのちあつまれ小網代』の出版を決めた頃、小網代の保全活動は、大きな転換期を迎えていました。ポラーノ村中心の全国啓発運動とその余波が与えてくれたいくつかの大きな可能性を確認しつつ、それらを現実の力とするための、谷そのものにしっかり根付いた定住的で長期的なビジョンに基づく活動への転換期にさしかかっていたのです。

私個人の情況でいえば、一九六〇年代後半から十年以上をかけて、政治団体に翻弄され、大失敗をした金沢埋め立て運動のパニックからようやく回復し、一九八五年に鶴見から町田の鶴見川源流に転居して、自然と共存する首都圏を足元から創造していく活動に、新しいビジョンと方法をもって復帰しようと改めて思い決めた時代でありました。小網代保全という現場において、それらの課題やビジョンや方法を、私自身の再出発の決意も込めて文字にして、背表紙のある文書にするというのが、『いのちあつまれ小網代』出版の意図でもありました。

キャンペーン型の活動から、谷そのものにしっかり根付いた活動への転換を果たすには、何よりもまず、小網代の谷に浸りきって幸せな市民仲間を育てることが第一と、私は考えておりました。現場への愛を基礎とすることのない便乗的な学者集団に翻弄され、政治団体に思うままに攪乱され、無残に崩壊した金沢の活動の轍は断じて踏まず、政治にも、便乗する学者たちにも頼ることなく小網代の谷を愛し世話する持続的な市民の文化をまっすぐに育てたい。それが保全への大きな賛同の道を開くだろうという揺るぎない確信と直感がありました。折々に小網代を訪ね、ひたすら谷の自然を記すナチュラリストスタイルの日記形式の本にしたのは、これを見本として、政治的軽薄や、学術的な功名とは無縁の心で、ただひたすらに谷に浸りきり、谷そのものにしっかり根付いた活動を進める仲間たちが増えることを期待してのことでした。「自然観察&クリーン」を旗印にした一九九〇年の「小網代の森を守る会」の創設は、私にとって、そんな期待を何倍にも拡大して実現してくださるものでした。政治、宗教に振り回されることなく、ひたすら小網代の谷を愛し訪ねる市民の輪がどれだけ大きな応援を引き寄せたか、いちいち枚挙する必要もありませんね。

◎日々の活動を支えるビジョン「多摩・三浦丘陵群の南の拠点」

未来を見失うことなく、谷そのものに根付いた定住的な活動を支えるためには、広範な賛同を得ることができるような長期的なビジョンを示しておく必要もありました。まだ詳細を話せる情況ではありませんが、一九八七年の時点で、すでに小網代は、首都圏の自然の拠点、場合によっては全国レベルの都市近郊自然拠点として国の諸機関が重視し得る場所であることが確認できておりました。当時の環境庁の官僚の一部、それに建設省が、手ごたえある対応をしはじめていたからです。これを足元の活動につなげ、神奈川県の政策にもつなげる首都圏規模の長期ビジョンこそが必要と私は考えていました。私の意見は、「多摩三浦丘陵グリーンベルト構想とその南の拠点としての小網代」という位置づけでした。まえがき、第一章、そして裏表紙のメッセージに無骨に記されたビジョンですね。今から見れば、いかにも不器用というしかないのですが、いずれは京浜急行にも、地元にも大きな賛同をいただけるはずの構想と信じ、記したものです。

『いのちあつまれ小網代』が、新聞で初めて紹介されたのは八七年十一月十四日(神奈川新聞)。ナチュラリスト仲間に現場で紹介されたのはその直後、十一月二十九日、小網代湾奥イギリス海岸でのことでした。その日のことを新聞(十一月三十日付神奈川)は、「ウォーキングネットワーク・小網代の森到着　緑派二五〇人が交流」と伝えています。その日、小網代で、多摩三浦丘陵グリーンベルト構想が、本書とともに紹介されたのです。

小網代を訪ねはじめた直後の一九八五年五月、私は、鶴見川河口の街・鶴見から鶴見川源流の町田市小山田に転居しました。転居の決断を支えてくれた希望の一つは小網代でした。小網代は、流域思考で守られてゆくだろう。子ども時代からずっと世話になった鶴見川の周辺都市もまた、同じく流域の視野で再生されてゆくのではないか。源流の地に転居すれば、小網代での啓示をバネに、鶴見川流域でも本格的な都市再生活動に復帰できるかもしれない。そんな希望を抱えて鶴見を離れ、町田の多摩丘陵奥の新興団地に転居したのでした。転居と同時に、流域ネットワークの立ち上げを視野に入れて、源流歩き、流域歩きをはじめました。その源流・流域歩きの中で、多摩丘陵と三浦半島が首都圏を貫く巨大なグリーンベルトであることを発見してしまったのです。自明なはずのその大丘陵ベルトが、まとまった形ではどこにも認知されておらず、ナチュラリストの間でさえ共通の名前がないというその発見は、私にとって本当に仰天のもの、コロンブスの卵というのはこういう発見をいうのだと確信するほどの大発見でした。

きっかけは単純でした。懐かしい鶴見の街と、新しい住所である多摩丘陵奥の鶴見川源流の丘陵地と、おりおりに通う三浦半島先端の小網代を、大きな縮尺の地図で何度も何度も眺め、川筋や丘陵の尾根を色鉛筆でたどるうちに、突然、関東山地と太平洋をつなぐ巨大な丘陵ベルトの全体の連なりが見えてしまったのでした（これがイルカの形に見えてしまい、いるか丘陵ネットが始動したのは、もっとあと、一九九五年からのことですが）。そうわかってしまった私は、「多摩三浦丘陵グリーンベルト計画」、あるいは「多摩三浦丘陵群・首都圏国立公園構想」なる構想に没頭しはじめました。その南の拠点としての小網代、北の拠点としての鶴見川源流という位置づけを、それぞれの地域の保全の基本ビジョンに位置づけはじめました。そしてこれを未来への大きなビジョンとすれば、小網代訪問の日々をまとめた日記を素材として、小網代保全をアピールするひとり立ちの本を作ることができると考え、『いのちあつまれ小網代』の出版作業に入りました。友人の紹介で縁のできた環境省の職員と、グリーンベルトの構想だけでなく、南の拠点小網代を国の公園として保全する方策などを話し合うようになったのもこの頃のことだったと思います。そしてその一方で、町田で知り合いになったナチュラリストたちと、多摩三浦丘陵群をとびとびに歩いてしまう、「ウォーキングネットワーク」イベントの相談を進め、八七年の秋、実行に移しました。多摩三浦丘陵頂点にあたる相原から、週末ごとに拠点を歩き、十一月二十九日に小網代に至る、「多摩三浦丘陵群のウォーキングネットワーク」。神奈川新聞の伝えた十一月二十九日のイベントが、その最終日、首都圏グリーンベルト南端拠点・小網代到着の日でした。

首都圏を地球につなぐ多摩三浦丘陵群グリーンベルト論は、一九九五年以降、いるか丘陵グリーンベルト論とも表現されるようになり、いるか丘陵ネットワークの活動とも連動して、少し人気が出たり、また翳ったりを繰り返しつつ、しかし着実に影響力を増していると感じています。一九九七年に山と渓谷社から発行された『いるか丘陵の自然観察ガイド』は、その行程の大きな飛躍点。小網代保全を支え、また小網代の評判に支えられ、いるか丘陵グリーンベルトビジョンはさらに未来を目指しています。

◎流域思考という方法

未来への大きなビジョンとは別に、小網代の谷そのものの価値を専門家や市民にアピールしてゆく方法も切実な必要でした。

この分野で『いのちあつまれ小網代』が明示した考えは、第一に流域（集水域）を基本とするランドスケープベースの保全戦略でした。一九八四年、はじめて小網代を訪問した折、そこに自然状態の完結した集水域の存在を確認した私は、以前からの「流域」への関心をここで思い切り保全に活かせると直感しました。貴重種の保全や天然記念物的な保全思考がまだ圧倒的に強い時代でありましたが、「ここ小網代以外に、首都圏には完結した自然の集水域生態系はないという主張が、必ずや小網代をまるごと守ってくれるはず」という、穏やかで、深い自信がありました。以後の展開は、一九九〇年の国際生態学会議でのキャンペーンを大きなバネとして、期待通りの歩みとなり、完結した自然の集水域生態系であることを最大の根拠とした近郊緑地保全区域指定（二〇〇五年）に至ります。ちなみに、小網代発の流域思考は、その後、私自身の環境思想の核として、また河川行政、都市再生行政の分野における新しい指針として、鶴見川流域ネットワーキングの展開や、河川・下水道領域における流域施策のあり方や、自然共生型流域圏都市再生の国のプロジェクトや、新たな環境哲学の領域に、応用されるようになっています。

◎アカテガニとの共闘という方法

もう一つの、ある意味では小網代の保全そのものにとってさらに直接的で大切な方法は、アカテガニたちとの共闘でした。

首都圏グリーンベルトの南の拠点といい、完結した自然の集水域生態系といっても、専門家や活動家ばかりが関心を向ける抽象的な話題では、そもそも市街化区域でもある小網代の谷の全面保全という、文字通りとんでもない事業がまともに進むはずはないと、それまでの自然保護活動の大きな失敗から私は十分に学んでおりました。子どももおとなも、専門家も、政治家も、知事も行政職員も、そしてもちろんナチュラリストもジャーナリズムも注目し、小網代の自然の価値を存分に、感動をもって伝えてくれる、だれにも通用するアピールの方法が必要でした。その必要への答えが、『いのちあつまれ小網代』末尾に集約した、アカテガニへの注目でした。

小網代の森の完結した集水域生態系は、言い換えれば、「森と、干潟と、海」と、私は考えました。その全てを暮らしの場所として小網代に賑わい暮らすアカテガニを、みんなの大きな人気者にできれば、そこに広がる集水域ランドスケープのすべてと、それを頼りに暮らす数千種の生きものたちは広く注目され、守られてゆくはず。そういう見通しを立てました。生物多様性保全の国際的な理論の中で、しばしば雨傘種あるいは天蓋種（umbrella species）として知られる概念を、小網代保全のため、アカテガニに担ってもらおうと、考えたのです。この方法は、守る会の宮本先生の提唱したトラスト連携のビジョンとセットになって、期待をはるかに超え、有効に機能しました。一九九〇年から始められたカニパトは、この方法を実践する現場仕事となり、数千人のトラスト会員を募り、行政、政治家、一般市民の保全への理解を大きく促進してくれました。干潟で海に放たれ、海に暮らし、森に戻り、また海に幼生を放すアカテガニたちの物語への共感が、小網代保全の道を開いてくれたのですね。

◎保全への道のり

『いのちあつまれ小網代』は、一九八七年に初版刊行後、九一年、九四年の二回にわたって、改訂増刷されました。そのたびに書かせていただいた「あとがき」に、本文に記された年月以降の、小網代保全の重要な経過や、希望が記されています。自然センターの夢、ゴルフ場開発を止めるための署名運動、トラスト運動支援、ＮＨＫ『地球ファミリー』での小網代放映、国際生態学会議、小網代の森を守る会設立、カニパト、ポラーノ村解散、守る会若手スタッフたちによる『三浦半島・小網代

を歩く　夏の自然観察ガイド』出版、そして守る会みんなでまとめた「小網代自然教育圏構想」(本書188頁に収録)。九四年十月末に記された第三版の「あとがき」の末尾には、「小網代のアカテガニたちが冬眠からさめるのは来年の春五月。新緑の風にのって、谷に優しいニュースがとどく…」という期待が記されました。「小網代の森・県が七二ヘクタールを保全」と新聞に報道されたのは、翌年、三月二十八日。その後、今日に至る守る会の活動、そして小網代野外活動調整会議の仕事、さらに二〇〇五年近郊緑地保全区域指定以後のNPO調整会議の奮闘は、みなさまよくご存知のとおりです。

◎二十年間の自然の変遷

『いのちあつまれ小網代』に記されたダイアリーや、掲載された写真には、二十年前の小網代の自然の相貌や脈動が記録されています。ぜひお目通しいただき、現在、私たちの眼前にある小網代の、森や、湿原や、小川や、干潟の姿と比べていただきたいと思います。

例えば、谷戸の明るさ、開放感は、今の光景からはとても想像のつかないものでしょう。シロバナサクラタデの咲き乱れる河口の湿原や、カニたちの賑わいあふれる干潟の様相は、ふりかえれば、驚きです。一九八六年七月二十二日、二十三日の、アカテガニ放仔の記録は、ここにコピーをお持ちしました。二十年前の小網代のアカテガニたちの放仔の夜が、どれほどの賑わいであったか、確認していただければ幸いです。科学者としての私の判断をいえば、森と干潟と海の適切な管理があれば、あの日の賑わいを取り戻すことは、原理的に何の問題もありません。どのようにして、だれがそれを、取り戻してゆくのか。小網代管理の、これからの本当に大きな大きな課題です。大蔵緑地におけるビオトープ整備の仕事を通して、NPO調整会議が、神奈川県と協働しつつ、いま実験をはじめているのは、すでにみなさんご存知のとおりです。

◎新しい課題としてのケア・管理

出版から二十年。さて、『いのちあつまれ小網代』は、期待通りの志を果たしたか？　小網代の森を愛し訪ねるナチュラリストの文化を励まし、多摩三浦丘陵群・首都圏グリーンベルト南端の命の拠点として、またアカテガニたちをはじめとする生きものたちの賑わいを支える完結した自然の集水域生態系としての小網代のビジョンを支え、未来につなぐ仕事を、しっかり果たすことができてきただろうか？　たぶん答えは、本当に幸いなことに、「しかり」、であろうと思われます。と同時に、それは、大きな懸案を残したままの、「しかり」、ということなのだろうとも、私は思うのです。

一九九〇年以来、そして特に二〇〇〇年に入って、小網代保全を願う私たちの懸案は、『いのちあつまれ小網代』に記されたビジョンや、方法をはみ出す、予想外の展開を見せています。新しいキーワードは、大文字で書かれるべき、ケアあるいは管理（マネジメント）、でしょう。期待通り保全の方向は固まってきたのですが、その確定まで、トラブルのない自然として一体だれが小網代をケアし世話をしてゆくのかという課題が突出してまいりました。それは、年とともにますます具体的で実践的な難問になり続け、今、NPO法人小網代野外活動調整会議が全力で取り組んでいる大きな大きな課題です。

その基本を煮詰めてしまえば、行政の全面的な対応のない状況のもとで、一体だれが、どんな資金と組織をもって、小網代保全の現在と近未来を、日々の作業の領域で支えてゆくのかという課題です。

私見をいえば、この難題への回答は、小網代だけをターゲットにして解決できるものではなさそうです。単独のNPO法人の工夫、一つの自治体の工夫で、どうなるものでもありません。私たちの首都圏が、小網代や鶴見川源流を含む多摩三浦の巨大なグリーンベルトと本気で共存してゆくために、一体どんな資金と、労力でそれをケアし、管理していったらよいのか。国のレベルで、首都圏域のレベルで、政府も、自治体も、企業も、そしてもちろん多くの市民を巻き込んだ新しい覚醒がなければ、おそらくは前に進めないほどの大課題の、一部なのだろうと思うのです。

保全されてゆく小網代の森は陸域だけで七〇ヘクタール。どのようにしたらこの自然を、適切に保全管理活用してゆけるのでしょう。多摩三浦丘陵の北の拠点鶴見川源流には一〇〇〇ヘクタールに近い森林田園地帯が残存しています。一体どのようにしたら、それを適切に保全・活用するシステムを構築してゆくことができるのでしょう。すべてを税金が支えることは不可能という現実を認めるとして、では、何人の労力がいるのか、いくら予算が掛かるのか、必要な収入はどこからくるのか……。改めてそれらを計算し、合理的なシステムを構築してゆくほかに、未来はないと私は思っているのです。そのモデルとなるような枠組みを、今から小網代で、いかに工夫してゆけるのか。鶴見川の流域や、小網代や、いるか丘陵の各地で誠実と志をかけて足元の自然のケアを続け、高齢化を迎えつつあるナチュラリストたちの人生を懸けた献身だけに頼るのは、もう文明としての怠慢というほかないのでははないかと感じています。

もちろん、大きな方向は、見えているのだと私は考えます。多摩三浦丘陵は一刻も早く首都圏グリーンベルトの位置づけを与えられ、土地の利用、管理、活用等について特別の制度を工夫されなければいけません。そこで活動するNPO等には、行政、市民、企業、とりわけエコツーリズムを支える交通関連企業等から大きな協働や自主事業のチャンスが与えられなければなりません。そんな方向への文明の運動を、小網代はどのように発信してゆけるのか、応援してゆけるのか。実は、そんな協働を誘発し調達すべき方向が、保全区域となった小網代の、切実にして必須の未来の仕事に、すでになっているのではないかとさえ思うのです。

例えば、小網代の谷と海、油壺、三戸の大地、そして海、いや、三浦市南部の大きな自然を丸ごとにした「緑農観光産業」の大きな見直しのなかで、そんな未来を展望してゆく時代が始まっていいのだと、私は考えます。『いのちあつまれ小網代』第一章に、ビジョンの必然として書き込まれるほかなかった「別の道」を、鶴見川流域の活動をはじめとする「いるか丘陵」のさまざまな活動とも連携して進めてゆく道を、あらためて探る時代が始まっていると感じます。

足元の最大のターゲットは、三浦市の、水と緑とともにある総合的な都市再生、そしてこれを支える、新しいツーリズム、交通・鉄道企業の動向なのではないでしょうか。そんな方向に向けて三浦市が大きく進むことが、日本国首都圏を、都市と自然の共存する巨大なグリーンベルトのあるエコシティーにしてゆく、大きな推進力となるように思うのです。

三浦半島は、鎌倉の昔、日本列島に近代へつながる扉を開き、幕末から明治にかけて東アジアの一角のその列島に世界史的な現代を開いた「歴史の半島」です。今、その半島は、日本国首都圏の文化をエコロジカルに転換させる「いるか丘陵」の南の拠点となることを通して、日本列島に、地球とともに生きる新しい文明を開いてゆく「文明の半島」としての力を、発揮しはじめる時と、私は思うのです。

■Koajiro 過去未来
変わる生きもの・変わらぬ小網代・変わるまなざし

2008 年 8 月 31 日
[第 19 回小網代の森を守る会総会での講演]

近郊緑地保全区域の指定をうけ、小網代では保全に向けた土地の確保、さらなる制度の検討が進みました。2007 年春には、県緑政課が事務局を担当する検討会が、「小網代の森保全管理活用基本計画」をとりまとめています。調整会議はそれらの検討のために、森の詳細な自然データを提供し、その変遷に関しても多くの知見を集積してゆくことになりました。保全論議の沸騰した 1980 年代半ばからすでに 20 年以上を経て、谷の基本構造は変わらないものの、自然の細部はどんどん変化してゆきます。広大な湿地は乾燥し、水系はヤブに包まれ暗黒になり、生きものたちの賑わいは、各所で具体的な手入れを必要とする段階に達していました。調整会議の力で、「完結した奇跡の流域生態系・小網代」の生命線である湿原を、水系を、1 日も早く再生させたい。ますます募るそんな思いを、2008 年カニパト納めの小網代の森を守る会総会で、語らせていただきました。

一　四半世紀・変わる近隣・変わらぬ小網代の谷

四半世紀というのは、一世紀の四分の一、二十五年ということです。ほぼそれに近い二十四年間、私は小網代の変化を見てきました。何がどう変わったのか、小網代の空中写真（次頁・図1）で見ます。

写真の中央、小網代を貫く谷が浦の川本流の谷です。ここから河口へ向かい、白い海岸線を左にたどると、海岸の陸側に四角い領域が見えます。これが、今、整地されている大蔵緑地（アカテガニの広場）です。その後に延びている谷が、大蔵緑地の背後の谷で。ここも、保全できることが決まっていて、数年のうちに整備できるようになるだろうと期待しています。

湾の一番奥の白い部分が河口の小家屋です。そこから、左四十五度くらいの方向に伸び、右四十五度くらいに曲がり、上にまっすぐ頂点まで延びているのが浦の川、一二〇〇メートルです。この浦の川に雨の水が注ぐ範囲が中央の谷、浦の川の流域ですね。

分水界は緑の領域の周縁。北の尾根は家が点々とあるからわかりますね。頂点が引橋で、引橋から家が並んでいて、油壺の方にいく道があります。そして、右上三分の一くらいの所から、斜め下に畑が点々と伸びていますが、その一番下の畑の端が（宮前の）峠になっています。その峠も小網代の谷の分水界ですね。峠を含む緑の領域の周縁、つまり分水界の内側に七十数ヘクタールの領域がありますが、そのうちの緑の濃い部分七〇ヘクタールが、二〇〇五年に、「首都圏近郊緑地保全法」の「近郊

図1　小網代空中写真

緑地保全区域」に指定されています。

四半世紀前は、小網代の森というと、ここだけではなくて、もう少し欲張って保全をめざしていました。いつも白髭神社から登っていく谷、小川を渡って峠の道にいかないで、小川の中を歩いててっぺんまでいくことができます。谷の一番奥は大量のゴミ投棄もあるのですが、とても水量の多い、よい谷です。この谷を「南の谷」といいます。京浜急行は、二十数年前にこの谷の開発を決めていて、保全区域にできませんでした。でも、この谷がつぶれてしまうと、この下の岩場の先にある、アマモの大群落がだめになるので、ここは開発するとしても、大規模な住宅開発ではなく、水循環に配慮したゆとりある工夫をと、二十数年前から神奈川県に伝えてあります。たぶん企業もしっかり理解してくださるはず。乱暴な開発はないと信じてます。

大蔵緑地の左下、クルーザーやヨットのある湾から左上に向かって谷が延びています。「ガンダの谷」です。蟹の谷という意味があって、カニの正体がアカテガニなのかサワガニなのか、たぶん、アカテガニだと思います。二十五年前は源流から海まで全部緑の光景だったのですが、今は、真ん中の部分が埋め立てられ、煙管のように上と下が緑です。このあたりに、道路、あるいは町に絡む施設が一部入って来ると思います。下と上はこのまま残ることが、つい最近、京浜急行から通告されました。

ガンダの谷の上に、緑の深い谷があります。法務局に向かって帰るときに、広い畑の道を抜けて、狭くなる左側に、マテバシイの森がある深い谷が見えますが、あの谷です。三戸浜から延びてくる大きな谷のてっぺんですが、埋め立てられることが決り、環境影響評価予測評価案（注：（仮称）三浦市三戸地区発生土処分場建設事業＝事業者 京浜急行電鉄株式会社、事業区域面積二五ヘクタール、受入れ残土量二二〇万立方メートル、受入れ期間七・五年〕が、現在、県の審査中。十年くらい先には市街地になるとのこと。

その下にもうひとつ谷が延びていますが、現在、ここはもう谷ではありません。みんなが富士見の街道を歩いて高い場所から眺めている所です。土が入って、全体が二十数ヘクタール規模の造成農地になっています。三浦は野菜の指定産地なので、良好な畑をつくるために、神奈川県主導で改変されました。そんな中で、中央の谷七十数ヘクタールと南の谷が、まだしっかり、原型のまま残っているということですね。

二 小網代中央の谷丸ごと理解

――変わらぬ大地形、変わる微地形、大いに変わる植生・水循環・生物多様性

この図（図2）を見て丸ごと理解せよといわれても、普通の人はわかりませんが、小網代の森を守る会でさんざん遊び、働きまわったナチュラリストたちは、どこがどこなのかわかります。

ガンダの谷、大蔵緑地、白髭神社、峠があります。峠のすぐ上の畑の上にナスビのような尾根がありますが、どんぐり尾根といいます。どんぐりの木がいっぱいあるからです。最近はあまりいきません。

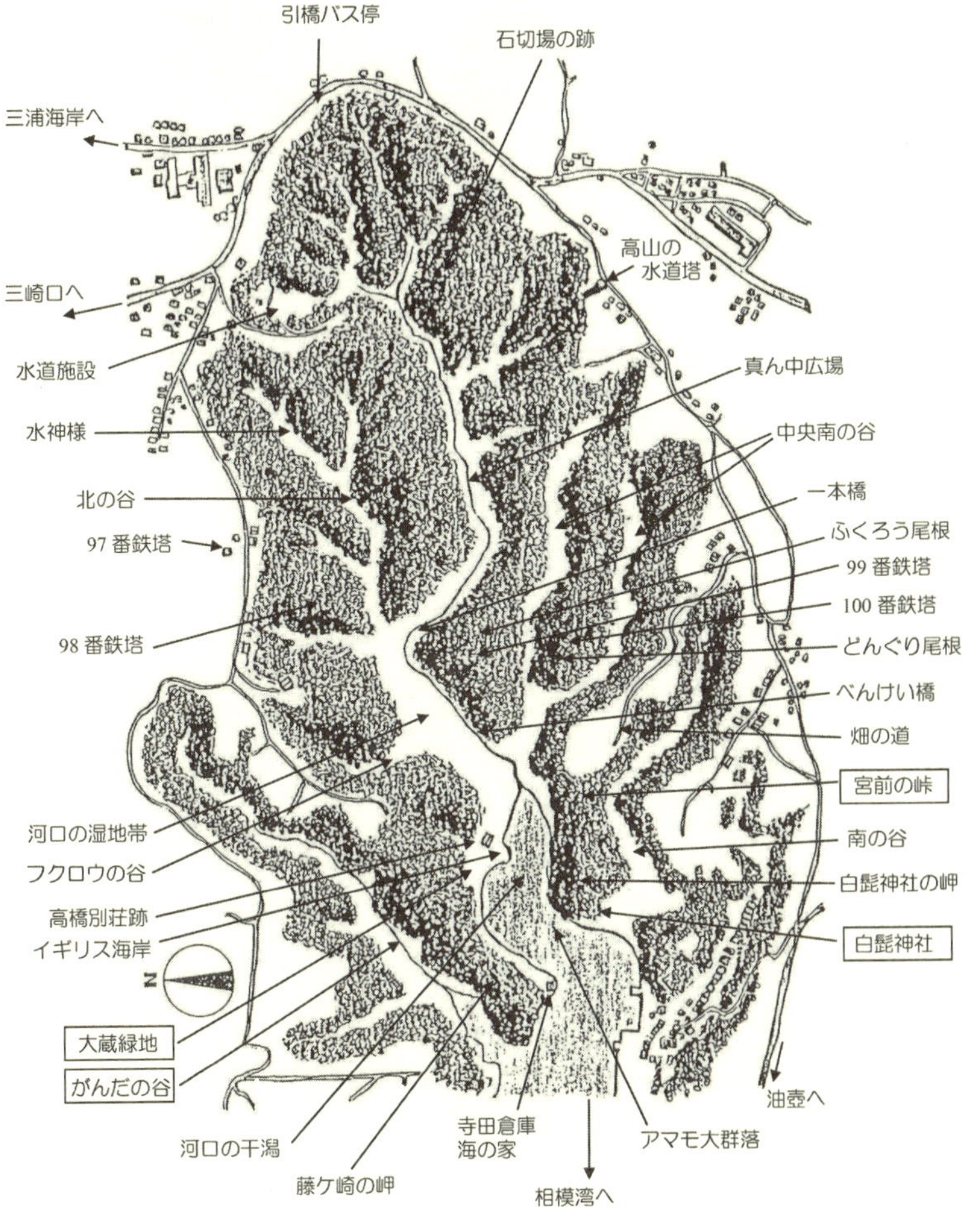

図 2 小網代の森イラストマップ

どんぐり尾根の左右に深い尾根が二本入っていますが、「中央南の谷」といいます。中央を付けずに、ただ南の谷というと、白髭神社の後ろの谷ですが、中央南の谷は、将来、小網代全体のミニチュアとして、生物多様性の全面回復のためのサンクチュアリとして温存され、今、ほとんど人を入れません。二本のうちの下側の谷が豊富な水量で、風の道を通って弁慶橋にいくときに、崖の道を越えた所に小さな橋があるのですが、あの橋の下の流れの水量は、中央の谷を流れてくるのと同じくらいの量がある。でも谷の規模は中央の谷に比べたら小さいです。このあたりの地層に砂の層があって、水が噴いてくるのかと、考えております。小網代のほかの地層は岩盤で、ほとんど保水力がないので、雨が上がってしまえば水が抜けてしまいます。

中央南の谷の一本上に、長い尾根が下りてきています。フクロウ尾根ですね。どなたかがフクロウに出会ったから、そういう名前で呼ばれています。ササ藪が深くなってなかなか歩けませんが、歩こうと思えば歩けます。この尾根の一番下の右側に、出っ張った所からちょっと上がった所に、一本橋という橋があって、山道を登ると、この尾根のピークにある九十九番の鉄塔にいき着きます。この尾根を上がっていくと、二カ所切れた谷があります。一本目の谷は、降りていくと湿地があって、真ん中広場に下りる所です。

さらに上手に、もうひとつ二つに割れている谷がありますね。その右上に高山の水道塔がありますね。水道塔の下の谷は、一九九〇年代の半ば頃に、台風で大崩壊をして、一時期大きな池ができました。

今もいけば残っているはずですが、土砂でかなり埋まっているかもしれません。

その上が、いわゆる源源流といわれている所ですが、源源流には四本の谷があるのがわかります。一番右側の谷は、てっぺんのちょっと下あたりに、大きな石切り場の跡があります。最近はほとんどいかなくなりましたが、二十五年くらい前までは、人が日常的に登る坂道でした。いまは放置されて極めて危険な回路。散策はなしです。

中央の谷の一番深い谷が、まっすぐ上に上がっています。これが、引橋のバス停から見ると、谷が海の方向に向かって落ちていますが、あの谷です。それから、左側に二本の谷が入っています。この二本の谷は、あまりいくことはありませんが、上の谷は、昔、百観音という、観音様がいっぱい並んで観光地にもなっていた、観音堂があったのですが、今は道の上の方に移動しました。それから、一番下の道が書いてある所は、水道施設から下りてくる谷です。そこに書いてある道は、中央の尾根に上がっていく道で、我々は、法務局の所から下りてきて、途中から地図の上方、実際には急坂を下りて移動しています。下に延びている道は、うまく歩くと、中央の尾根の先端までいくことができます。一番てっぺんは標高七〇メートルを超えていると思いますが、どこまでいっても、木の根元にはアカテガニの巣があります。

その北側に延びている谷のことを北の谷（ガンダと区別するときは中央北の谷）と呼んでいます。今はあまり人が入らなくなりましたけれど、北の谷の真ん中あたりに水神様、石の水神宮があって、その脇には、昔ここが、人が通っていた町であったことを示す、木の電柱が立っていて、裸電球を付けた跡があったものです。今もあるかもしれません。そこに深い谷が右側に上がっていますが、そこは、スギがきれいに植林されていて、マテバシイの巨木もある、そういう谷です。この北の谷は、保全の話題がではじめた一九九〇年代初頭、行政や周辺の自然保護家から、「ここはたいしたものはないから、まずはここだけ開発して、隣接他所の保全と調整を取るように」という意見が、何度もでた谷ですが、流域全体を守るために、絶対に手を付けてはいけないといって、私たちが死守してきた所です。ここに降った雨が、大きく集水されて、下手の大湿原を潤します。ここの谷を壊してしまったら、下手河口にむかう大湿原は、乾燥し、破壊されてしまうのです。保全が完全に実行されたら、ここにはダムのような構造を二つ、三つつくって、降った雨を溜めて、いつでも水が出てくるように、その水を湿原に誘導する計画になっています。

私と一緒に作業で入る学生達は、私が東電の道を入っていって、ヤナギの木の下で、鎌で水路を切っているのを見ると思いますが、北の谷から下りてくる水路が塞がれないよう、維持し続けているのです。あれをやめるとヤナギの根が張って、水が全部広がって、もう一回川をつくり直さなくてはいけない。

その北の谷の左側（北側）に二本谷が入っています。上の谷はあまりいく機会がありません。下の谷の東縁の尾根は、東電の九十八番鉄塔がある所で、小網代を熟知する「小網代の森を守る会」のスタッフは、急いで谷を出る必要のあるときは、よく、ここを上がったものです。もちろんいまは通行自粛。その下の谷は、ずぶずぶの水の谷で、この奥が少し開発区域に入りました。一番端に家が一軒入っています。みんなが知っている、広い畑を抜けていくと、左の奥に一軒家があります。あの周辺ですね。

さらにその下に深い谷が入っています。これもぐずぐずの土砂の谷ですが、この谷の奥に、よくフクロウがいます。一番深くて人から隔絶されているからだと思います。大蔵緑地の裏の谷の一番てっぺんの裏側です。

あと、皆さんがわかるのが、左側の藤ヶ崎の岬。将来、てっぺんに道路が通ります。保全との関連で道路は認めるが、その代わり鉄道は延ばさないということで、道路が通ります。峠の下が白髭神社の岬です。それから、大蔵緑地の上の白く抜けた河口の広がり、約三ヘクタールの河口の湿地帯です。港の出っ張りが右側にあって、左側には家が一軒ありますが（寺田倉庫の海の家）、この二つを結んだ線の上側、約一ヘクタールくらいがアマモの大群落ですが、そこから先が、六月頃の大潮の引き潮のとき、全部土になる、面積三ヘクタールくらいの河口干潟です。河口の湿原とほぼ同じ面積です。小網代湾は、湾の奥から一五〇〇メートル程延びて、相模湾に向かっています。

ということで、中央の谷丸ごと理解でしたが、変わらぬ大地形というのは、この大きな地形は四半世紀まったく変わることがありませんでした。変わる微地形というのは、この地域で何度も崩壊があって、我々がよく認識している崩壊だけで三回。高山の水道塔の下の谷の大崩壊。そのちょっと上の九五年崩壊地と呼んでいる、一〇〇%回復しましたが、斜面地でかなりの崩壊がありました。一番大きな崩壊は、一九九〇年代の初めだと思いますが、今、河口から海の方を見ると、右側も左側も岬が緑に囲まれ、とてもきれいですが、左側の白髭神社の岬の先端三分の一くらいが自然崩壊して、上から全部落ちて、樹木がなくなったことがあります。そのとき、崖は岩盤が全面的にむきだしになり、この世の終りかというような光景になったのですが、いまはすっかり元通りになりました。それから二十年くらいたって、またそろそろ落ちるのかなあ、などと思います。小網代は岩山なので、いろいろな木が岩を抱いて大きくなっていきますが、岩を抱く力にも限界があって、巨木になっていくと岩と一緒に落ちてくるのです。落ちてきた土砂が、海岸線のアイアシとアシのソルトマーシュ（salt marsh 塩水湿地）を支えています。落ちてきた土が雨で洗われ、海にさらわれ、どんどん減ってくるのですが、なくなる頃に、またがーんと落ちてくる。そういう変動も、小網代の自然の一部ということですね。右側の藤ヶ崎は、すくなくとも私の知るかぎり、この大崩壊をしたことはありません。

というわけで、大地形は変わらない。しかし二十五年で微地形は変わる、変わるのが自然なのですね。これに関連して、大いに変わるのが、植生・水循環・生きものたちの多様性です。

三　小網代の生物多様性（二〇〇一年中間集計）

小網代は、源流から干潟、海まで、森と干潟と海が、集水域丸ごと自然の状態です。だから、ものすごく多様な、生物の暮らすハビタット（habitat 生息地）があります。源流・中流・下流、水辺・湿地、尾根・斜面、海・干潟・岩場・泥干潟、そういう多様なハビタットに、それぞれ適応した多様な生きものがいるから、生物の種類はものすごく多いのです。二〇〇一年の集計で一八九二種の名前をあげました。動物一〇一二種、菌類二四二種、植物六三八種。生きものの世界はファイブキングダムズ（five kingdoms 五つの王国）と分けるのが普通で、動物・植物・菌類・原生生物・モネラ（Monera 原核生物とも言われます。細菌と古細菌を含む分類上の一群）ですが、原生生物とモネラは今回の私たちのリストに入っていません、昆虫類が五六三種、これはあと一〇〇〇種くらい軽くいるだろう、クモ類一一一種が書いてありますが、小さな節足動物を入れると、あと五〇〇～一〇〇〇種くらい軽く出てくるはずなので、徹底的にやれば三～四〇〇〇種になると見ています。

中身を見ると、脊椎動物は、ほ乳類九種、鳥類八八種、爬虫類一一種、両生類五種、魚類八〇種。鳥がものすごくたくさんいるのは、小網代を頼りにする渡りの鳥が。季節ごとに入っているからです。節足動物は、昆虫類はいうまでもないのですが、甲殻類五八種にはエビやカニの仲間が多数ふくまれています。このリストでは、カニは三五種くらいを登録しているはずですが、浅瀬の海まで入れると、今、四〇～五〇種を確認しています。クモ類もやればもっと出てくるでしょう。軟体類は、陸貝二二種、その他四四種で、小網代は湿った谷の割には陸貝が極めて少ない。後輩の、陸貝をやっている専門家に調べてもらいましたが、種類も数も少ない、こんなにカニがいてはみんな食われてしまう、といっていました。菌類二四二種、これはキノコで、清市さん達が調べてくれました。植物は六三八種、被子植物五八一種、裸子植物七種、シダ植物五〇種。シダが豊かです。

こういうリストは、あせらずにゆっくり成熟させていけばいいのです。これが、いろいろ、変わったり変わらなかったりしているというのが、次のお話です。

四　変わる生きもの・変わらぬ生きもの

まず植生は、大きく変わりました。どう変わったかというと、森が巨大になりました。私が小網代にいくたびに、毎年、印象を受けるのが、イギリス海岸（高橋別荘下の岩場）の一番岸寄りから南の谷を見ると、はるか先に高山の貯水塔が見事に見えたのですが、毎年見える規模が小さくなって、今年はもうぎりぎりで、あと一、二年で見えなくなります。二十五年で見えなくなるくらい、森がでかくなった。これはいいことばかりではなくて、大きくなると崩壊しますので、雑木林は伐採しないと、あっちでもこっちでも、まもなく崩壊を始めると思います。神奈川県が準備している小網代の「保全計画」では、基本的には、法務局からまっすぐ下りてくる尾根の南側の斜面以外は手を入れない計画になっているので、落ちたら落ちたままにします。中央の谷を塞いで、自然のダムができてしまったらどうするかはそのときに考える。これからあと十年、二十年、豪雨があって風が吹くと、木が揺すられて落ちるのですね。

樹木の巨大化にともなって谷が暗くなりました。二十五年前は、中央の谷はすかんすかんで明るかった。ホタルがいっぱいいたし、あんなに暗い谷ではなかったのですが、谷の上空を、完全に樹冠に覆われてしまいました。

木が増えただけでなく、草も増えたので、谷全体が強く乾燥してきたのも大きな変化です。一番印象的なのは、下流の三ヘクタールの湿原で、二十五年前には水がびしゃびしゃだった。クロベンケイガニがたくさんいて、あそこをうろうろしていると、マムシに会う場所だったのです。秋にはシロバナサクラタデが一面に咲く場所で、生えている大型の植物はガマとアシでした。いまはガマもアシも本当に少なくなって、オギが卓越し、中にノイバラも生えて、あちこちにヤナギが木立をつくっている。二十五年前、ああいうヤナギは一本もなかった。トトロのトンネルを抜けると、大きなヤナギが数本あるけれど、二十五年前にはなかったのです。あの木は、あんなに大きいのに、樹齢は二十五年以下です。『いのちあつまれ小網代』の中に、春のヤナギが一本だけ写っていて、あそこで撮った記憶があるのですが、いかにあのヤナギ類の成長がすごいかということがわかります。放っておいたら、数十年で、全域があのヤナギの林になるだろうと思います。

個別の植物でいうと、減ってはいるけれど、ランはそこそこ残っています。追い込まれている植物もあって、一番気になっているのがセキショウです。谷を全面に覆っていたセキショウが、ほとんどしょぼしょぼになってしまって、あのままなくなってしまうと、セキショウは流路の縁を固めるので、水路が不安定になります。中央の谷の川は、右にいったり左にいったり流路を変え始めていて、あのままいくと、後々やりにくくなるので、セキショウを復活させておかないと、ということで、谷底に侵入したアオキやシロダモを除去しています。

侵入・拡大する外来の強攪乱性の植物は、トキワツユクサとアレチウリです。トキワツユクサ（ノハカタカラクサ）は、退治に皆さんが苦労をして下さっていて、どんなにとんでもないかわかるでしょうけれど、一部で谷を上がり始めていますが、谷に完全に上がってしまうと、何をやっても抵抗できなくなります。私が仕事をしている慶應のキャンパスには、一の谷という五〇〇〇平方メートル程の谷があり、そこでも森林再生をやっていますが、谷の上まで全部トキワツユクサです。どうにもなりません。打つ手がないので、全面的に光が当たるよう、周辺の木の伐採をしています。光が入るようにして、オオブタクサであれ、セイタカアワダチソウであれ、何でもいいから、明るい所にはびこる草を一度入れて、トキワツユクサを全滅させてから森のつくり直しをする。そうでないと、薬剤を撒くしかない。小網代はそうなったら収拾が付かないので、這い上がる前に阻止をしています。

それから、あまり気付かれないのですが、アレチウリというもっととんでもないのが、峠の道のイラクサの所に入り始めています。気が付いた人が刈っているのですが、あそこでマークを逃れて実を付け、その実が、おそらくは湾を漂い、大蔵緑地を下りて右側のハマカンゾウの咲くササ藪に入っています。今年も数株入っていて、全部抜きました。悪夢は、河口の三ヘクタールの湿原に入ることで、いくたびに見ていて、まだ大丈夫ですが、あそこに大規模に入ったら打つ手がないと思います。アレチウリは「特定外来植物」で、在来植物を大規模に破壊する強攪乱性の外来植物の筆頭です。外来植物が全て悪いことをするわけではないのですが、特定外来は、特定の場所へいくと、とんでもなく悪いことをします。トキワツユクサは「要注意外来植物」で、もうこれは特定外来にしたほうがいいと思いますが、湿った谷で悪いことをするのです。アレチウリは、日がかんかん当たる谷で悪さをします。鶴見川の流域では、あちこちで、アレチウリのために自然植生が壊滅しました。川辺のオギやアシ、クコの大群落が三年も覆われ、完全に枯れて何もなくなってしまった場所もあります。なくなった所に出てくるのは、あのあたりだと、ネズミホソムギという、北アメリカから来た牧草で、花粉アレルギーを引き起こします。鶴見川流域ネットワーキングがボランティアで除去作業を必死にやっていますが、勝ったり負けたりです。どうしようもなくなったのが、鶴見川の源流の町田市上小山田、私の自宅のそばですが、鶴見川の最源流の谷に二〇〇〇平方メートルくらい入ってしまいました。もう何をやってもだめという状況になってきた。ものすごい量がはびこって、昨日も、花を付け始めたと聞いたので、スタッフがやっつけにいきましたが、だめです。大量の種ができて、豪雨で下に流れて流域中にばら撒かれる。そんなアレチウリの侵入から、浦の川下流の大湿原はなにがなんでも守らないといけない。入ったらすぐに摘めるようにしなければいけない。摘めるようにするためには、一刻も早く、あの地域のノイバラやササやつる植物を除去しなければいけません。神奈川県には一刻も早くやらせてくれといっていますが、地主さんとの土地交渉の都合でまだだめといわれています。入ってしまったら、退治にどれだけすごいお金がかかるか。こういうことは、本当に、なかなか理解されませんね。

ほ乳類は、アライグマ、タイワンリス、キツネをあげました。私は、小網代の谷にキツネが出入りしていると思っています。足跡を見て、一〇〇%間違いないと思っていますが、地元の専門家は、毛を確認しない限りは犬だ、とおっしゃるので、キツネがいるといわないことにしています（笑）。最近は足跡がありません。三戸の農地を大開発したので、居場所が変わったかもしれない。

タイワンリスは、大楠山あたりまで来ていて、木の皮を剥いで大変な被害を与えていますが、過去に小網代でタイワンリスを見たのは二回で、いずれも一頭だけで、ペアでなかったので増えていません。周辺の農地の開発があって、リスは移動が難しくなったので、安全度が上がった。イヌやネコをしのいで、あの距離を走ってくるのは、リスにとっては大変。

アライグマは、ここ六、七年ですごい勢いで増えて、三、四年前には、最大二十頭くらいがあの谷に棲んでいると推定していました。その頃は、カニパトが終わって、高橋別荘の前に並んで、強力ライトで向かい側の塩水湿地を照らすと、お母さんアライグマに連れられた子ども三、四頭の移動する姿が、毎晩のように見られたものです。その当時、アカテガニ、クロベンケイガニ、アシハラガニが激減して、特にアシハラガニは全滅状態になった。その後、アライグマは減っていて、今年は足跡を見る機会も激減しました。谷を歩いていて、時々川沿いに、一、二頭分の足跡はありますが、海岸線にはほぼなくなりました。理由は、確定的ではありませんが、周辺の農地でスイカやウリを生のまま放置するのが全面的に止まった。生ゴミの処理を三浦市がきちんとしてきたので、餌がなくなった。農家の人は、アライグマは小網代の森でカニをたらふく食べて太ったのが、スイカを荒らしにくるというのですが、話は明らかに逆で、生ゴミを食って増えたアライグマが、谷に入ってカニをいじめている。それから今、繁殖する場所だったと思われる白髭神社の裏の尾根に、ワンちゃんが二、三匹います。ワンちゃんがそこにいる限り、アライグマは怖くて近づけないだろうと思います。アライグマの退治は、人を絶対に襲わない、アライグマだけを追うように訓練したイヌを山に放す、というのが私の持論なのですが、実証したようなものです。それでもイヌは危険だからだめといって、アライグマの駆除を徹底しようとすると、全部射殺とか、マスコミ周辺にそういうことをいう人々がいます。実効可能性の低い過激な提案ではなく、よく慣れたイヌを放す。一部で始まっているかと思いますが、うまくいくに決まっています。

鳥はいろいろ変わりましたが、フクロウは健在。小網代には昔からフクロウがいて、少なくともガンダの谷戸と小網代の中央の谷にひとつがいずついて、冬の巣づくりのときに鳴くのが定例だったのですが、今もふたつがいるような気がします。一番よく出てくるのはアカテガニの広場です。皆さんも声を聞いたでしょうけれど、フクロウは、ゴロスケホウホウと鳴くのですが、普段は、アカテガニを見ているときに後で、ギャーとかジャーとか鳴いています。

ミサゴという珍しいワシタカも、稀にやって来ます。今年も一回来ていました。

激減した鳥がいます。ゴイサギが激減しました。昔は、ゴイサギは谷にはカラスのようにいて、夜、カニを見ていると、たくさんのゴイサギが上をギャーギャーと飛んで、怒っていたのですが、本当に少なくなりました。ヤマシギもいなくなりました。昔は、冬はヤマシギを鉄砲で撃つ人がいましたが、谷が暗くなったからでしょうか。ほとんど会わなくなりましたね。昔、オオタカは、今のように頻度高く見ることはなかったと思います。十年前くらいから、オオタカが出入りするようになって、どこか近くで繁殖するようになったのだと思いますが、オオタカはゴイサギとコサギが大好きで、いれば食べてしまう。鶴見川の源流域でもゴイサギとコサギが激減して、アオサギだけ残るのですが、アオサギは大型で食べにくいのでしょう。小さなアオサギは捕まえますが、大きなアオサギは捕まえられないのです。町の近くにもオオタカが増えたことと、ゴイサギ、コサギの激減は、きれいに相関していると思います。小網代では何カ所か見た程度ですが、鶴見川源流域では、一週間に一羽ずつくらいの速度でコサギが食べられる時代があって、ほとんどいなくなりました。オオタカが出てくると、ゴイサギやコサギも賑わってと思うけれど、なかなかそう都合よくはいきません。オオタカがどうして増えたのかは、ちょっとわかりません。

両生爬虫類では、とても印象的なことがあって、小網代の谷は、二十年くらい前はニホンアカガエルがいっぱいいて、水辺はアカガエルの卵だらけだったのですが、ここ数年、私は全然見ていません。いついなくなったか、『いのちあつまれ小網代』に書いてあります。一九八六年三月十五〜十六日に小網代に入って、谷の池はアカガエルの卵だらけですごかったのです。オタマジャクシになりかかっていて、次はたくさんオタマジャクシに会えると、四月五〜六日に入ったら全くいなくて、卵の残滓も何もなくて、どうしたのかと思って谷を上がったときに、理由がわかりました。中央の谷の湿原を抜ける所に、アカガエルの卵塊が無数に捨ててあった。悪戯などという量ではなく、徹底的に誰かが集めて捨てたのです。その年以降、たぶん私はアカガエルを見ていません。これが正しいとすると、一九八六年から二十二年間、小網代の谷にはアカガエルがいないのです。戻ってくるかもしれないので、見たら教えてください〔注：大蔵緑地などで、少数が確認されているとの情報あり〕。

昆虫は、クワガタ、カブトムシ、シロスジカミキリが、急速に減少しています。理由はよくわかりませんけれど、雑木林が茂りすぎていることではないかと思います。もっとしっかり雑木林管理を進めないと、クワガタ、カブト、シロスジカミキリは増えない。

うれしいと思っていることは、サラサヤンマの健在です。とても貴重なヤンマで、トンボの好きな人たちは、小網代にいることを知っていて、二十年前〜数年前までは、サラサヤンマを絶滅させないために、子どもたちや市民を小網代の湿原に入れるなと、外部のナチュラリストたちから強く、あらゆる機会にいわれたものです。私はそのたびに、サラサヤンマに関していえば、みんなが湿地をずぶずぶと歩く方がいいのであって、歩かなくなったら絶滅すると主張してきました。私の理屈でいうと、人間のいない世界でも必ずぬかるみ道がある。イノシシやシカが獣道、ぬた場をつくるので、必ずある。サラサヤンマのヤゴは半陸上性で、湿地を走り回って餌を取りますが、大洪水でなぎ倒されて開放された湿地や、イノシシとかシカがつくるぬた場、湿原の獣道などに適応しているというのが私の意見です。自然の湿原は一面すき間なくアシに覆われているべきだと思うのは、人間が思いつく観念的な、場合によってはかなり間違った湿原像だと思います。イノシシがいなくなったのだから、子どもがイノシシの代わりをするのは良い考えであり、保全生態学上、何の問題もないと私は思っています。今年もそういう場所で、ちゃんとサラサヤンマがいてくれてとてもうれしい。子どもたちが長靴でずぼずぼと湿原を歩いて、サラサヤンマの生息地も、保全してきたのではないかと、私は思っています。

温暖化とも絡んで、虫がいくつか新しく登場しています。クロコノマチョウは、大きなヒカゲチョウの仲間ですけれど、十年程前から出るようになった。もっと南にいたのですが入ってきて、十年位前までは、真ん中広場のジュズダマの所を通り過ぎると肩に幼虫がくっついたりしていたけれど、最近あまり見ません。暖かくなりすぎたのか、繁茂するササと一緒にジュズダマをいじめすぎてしまったのか。

それから、ナガサキアゲハが増えています。いつ頃から入りだしたのか記憶にないのですが、ここ数年はちょうど今頃の時期、クサギが花を付けると大型のアゲハが来るのですが、以前はもっぱらモンキアゲハだったのが、最近はかなりナガサキアゲハが来るようになった。ジャコウアゲハのように尻尾が長くない、ブルマみたいな短いタイプです。慣れれば見分けられます。

アカホシゴマダラは、鶴見川の源流や日吉にはいくらでもいるけれど、小網代ではまだ見た記憶がありません。アカホシゴミマダラはもし入っていたら、急増する可能性があります。

細かく見ると他にもいろいろな動きはあるかもしれませんが、昆虫に関して私が特に皆さんに伝えておきたいのはこんなところです。

魚ですが、川に上れなくなったアユが印象的です。小網代は、昔は、浦の川はもちろん、長谷川造船前の流れの、道路の橋の下の窪みにアユがいたり、アユはよく上がっていたのです。アユがいなくなったのではなくて、河口まではたくさん来ています。中央の谷の下に七月にいったときに、まだ六センチメートルくらいのアユがたくさんいて、上がらないのです。水量が減って、しかもおいしい餌の匂いがしないからでしょう。アユは川に上ると、岩にへばりついているコケ（ケイソウ）を食べるので、ケイソウの匂いが濃厚にないと、餌があると思わないので上がらないのだと思います。いまのように全体がヤブに包まれてしまった川は、川底にとどく光がすくなくて、そもそも川の生態系の生産者である藻類が繁茂できません。あのアユはどうなるのかというと、アユは上がるつもりで河口まで来てしまって、匂いがするまであそこにずっととどまっていて、上げ潮になればスズキや大きなハゼが来て、きっと食べられてしまう。何百匹も河口に来るけれど上れない川になりました。とてもそれが印象的です。今年、かながわトラストみどり財団から助成金をもらって、小網代の海と川、水系を全調査します。その中で、流れに沿って、ササや常緑樹を切り、明かりが入るようにします。私たちの対応で、アユが戻りますように。

甲殻類については、アライグマの動きで激減したカニが三種類。クロベンケイ、アシハラガニ、アカテガニ。アカテガニは激減の程度が一番少なかった。アカテガニは崖にいるので、アライグマが上って捕まえきれないのです。

一番激しく減ったのはアシハラガニで、一時はほぼ全滅状態になって、三年前あたりは、一日歩いて一匹しか見つからない悲惨なこともありました。かつては、NHKの映像を見るとわかりますが、アシ原の水際には、この時期数千匹いて、人がいくとザーと逃げ込む、とんでもない数がいた。それが一匹、二匹に減ってしまった。幸い、アライグマがいなくなって、急激に回復しています。一番回復しているのが、イギリス海岸の脇、高橋別荘の前。静かにあそこにいくと、昔にもう近い、数百匹出ていて、人がいくとザーと逃げ込む。まだ、大半は少ないですが戻ると思います。寿命が長いので、何年もかかって積み上げていくのですね。

戻らないのがクロベンケイ。どうしたのだろうというくらい少ないです。これはアライグマにやられたのと、クロベンケイは、湿地で草の生えている所は嫌いで、土が出ている所が大好き。草が生えすぎてそういう場所がなくなってしまった。ヤナギがうっそうと茂って、下に草が生えなくなったりすると、クロベンケイは回復すると思います。

増えているカニがいます。フタバカクガニです。河口の石橋の蛇かごの所にいるのがフタバカクガニで、昔は珍しかったカニです。ちょっと南の方にいるカニです。一貫して増えていますから、アライグマとは関係なく、温暖化絡みかなと思います。昔はあのあたりはアシハラガニとカクベンケイガニがたくさんいたのですが、カクベンケイガニは激減しました。

あれやこれやありますが、とってもうれしいことに、アカテガニはしっかり頑張っていると思います。今年のカニパト第二期の最終日に、一カ所だけかなり多くでましたが、昔は、白髭神社にいく崖の道は、お産の夜になると、何百匹も大きな雄ガニ、雌ガニがぞろぞろ歩いていました。車が通ると何匹も轢かれて、道には判子のように押しつぶされた跡が、一面に付くくらいいました。よく、私たちが小網代に入ったからいなくなったという人がいますが、そういうことではなくて、ひとつは、あのあたりが人の暮らしに便利なように、舗装路が増えて、崖も安全な構造になって、アカテガニの暮らす場所が、岸辺直近から激減した。それが一番大きいと思います。アカテガニは海に来なくても、川でもお産をしますので、まだそこそこいますが、昔に比べると、激減しました。どうしてわかるかというと、六月の終り頃、アカテガニに注目しながら谷を下りてくると、昔はよく、アスカイノデの先端で交尾をしていたり、ああ、こういう所で交尾をするのかというような光景に、会えたものですが、今はそんな光景には出会えません。山の中のアカテガニもまた減ってきていると思います。考えられる理由はひとつだけ、植生が茂りすぎて、もっと光があたる崖面が露出してこないと、アカテガニは暮らしにくい。でも頑張って回復しているから、全面保全が実現されて、五年、十年すれば、昔のような光景になると思います。

五　小網代これからの生物多様性回復の焦点

小網代これからの生物多様性回復の焦点については、もういろいろお話しました。明るい森、明るい谷を回復します。保水能力向上、過度に掘り込まれた水路の川床を堰などの構造を工夫して上昇させて安定水循環を回復し、流れと湿原を大規模に回復していきます。アレチウリ、トキワツユクサの大規模侵入を阻止していきます。いずれアレチウリが最大の敵になっていく可能性もあります。焦点となる実験地は、大蔵の谷、下流の大湿原と北の谷、そして真ん中広場です。聖域回復拠点は、中央南の谷、それから保全区域の外ですが南の谷で、あそこがよい水を流し続けないと、アマモ場がなくなる。アマモ場がなくなると、谷の生きものに強い影響があります。

六　変わらぬ小網代を実現するために、いったい何が変わったのか

変わらぬ小網代を実現するために、いったい何が変わったのか。こういうことがみんなによく理解されていると嬉しいです。

一九八五年に京浜急行が発表した「三戸・小網代地区開発構想」と、二十年後の二〇〇五年に国土交通省国土審議会が指定して「小網代近郊緑地保全区域」として守られた七〇ヘクタールを比較すると、保全区域は、開発構想の範囲の南側部分にあたります。

八五年には何が構想されたかというと、実は小網代の谷だけではなく、これから（発生土の処分場として）埋め立てられる、三戸の一番奥の谷と農地造成を含めた一六八ヘクタール、小網代の一・五倍くらいの範囲を一括して開発する計画でした。三浦市はとても貧乏なので、都市基盤整備ができていないので、大規模に推進する手がかりとして、京浜急行に大開発をしてもらって、それを活用して住宅地、鉄道、道路、農地をつくる。お金を生むマジックとしてゴルフ場をつくる。この五点セットの開発をして、苦境を抜け出しましょうという提案でした。ゴルフ場の会員権については六〇〇〇万円を設定していたと聞いています。当時は、それも十分にありと思われる時代でした。一九八五年というのは、「プラザ合意」が成立して、円とドルの関係が自由化された年です。円が高くなったから、日本の海外資産が巨額になって、ハリウッドも買ってしまおうとか、何から何まで買い捲るという、日本のバブル経済が始まるきっかけになった。お金をどこでどうやって使ったらいいかわからないとい

う人たちが世の中に充満した時代です。六〇〇〇万円の会員権にお金を払う人が二〇〇〇人いたら一二〇〇億円ですから、そういう計算をして、計算どおりにいくと思っていた、いわゆるリゾートバブルの時代です。小網代の森の保全は、そういう時代のど真ん中で、進められていました。大混乱せず、よく方向転換し、切り抜けたと思います。

小網代の保全は何をやったかというと、この一六八ヘクタールの開発そのものには一回も反対したことはありません。これは是非、皆さんに理解してもらいたいのですが、賛成ともいわなかったけれども、一度も全面反対はしませんでした。「私は反対だった」という人が、いっぱいいるかもしれないけれど、守る会としては反対したことがない。それでは何をやったかというと、都市基盤整備のためにはとても重要な仕事であるが、小網代の谷は残す開発にしましょう、小網代の谷は、ゴルフ場でなく、自然のまま残す、そういう開発をしましょう、といい続けて、当初は一〇〇ヘクタールと欲張り、最終的には七〇ヘクタールでまとまりました。

ここで本当に大きな変化がありました。何が変わったかというと、一六八ヘクタールの計画を推進した三浦の行政、商工業者の人たち、三浦の市民が、三戸・小網代地区開発は、小網代中央の谷（＝小網代の森）全部を保全する、そういう方式でよい、という見方、意見に変わった。小網代が変わらなかったのは、三浦の行政や事業者や市民の人たちの、小網代へのまなざしが、そんな風に大きく変わったからで、これが重要なことです。

まだ少し周辺は動きます。ゴルフ場予定地だった地域の一部を、京浜急行としては宅地にしたい。

一時、小網代のグループは、小網代だけ守ってあとは見捨てるのか、宅地化に反対しないのかとずいぶんいわれました。そういわれても、決めたことは動かさないというのが、我々のやり方です。そう思っている人たちは、小網代の大規模保全ですでに働きっている我々にいうのではなく、それぞれの方法で新しく運動を工夫してほしい。可能なら連携だってありうるでしょう。しかし、そういう展開にはなりませんでした。全体への対応は立ち上がらず、その枠の中で、三浦メダカも引越しをするということで、穏やかに収まったように見受けられます。今後、道路の延伸、鉄道延伸がある。鉄道はガンダ地域までは延びるのかと思っております。十年後。その頃、また何かあるかもしれないけれど、小網代保全そのものがが変わることはありません。

小網代のイメージ変換というとき、重要なポイントがあります。小網代は、三浦の小網代だけで頑張れる場所ではありませんでした。なぜならば、三浦が抱えるには大きくて重すぎたから、三浦市の小網代、三浦半島の小網代では贅沢すぎたのです。今から二十一年前に、多摩・三浦丘陵という広がりで、この一帯を国立公園にしようという運動を始めたグループがありました。私と私の周辺のナチュラリストたちですが、これにその時期の環境庁（今は環境省）が乗ってきました。小網代は三浦の小網代ではなくて、首都圏グリーンベルトになるかもしれない、多摩・三浦丘陵の小網代だと考えてくれる国の官僚が何人か登場しました。これが小網代の保全の大きな枠組みを動かしてゆきました。一九九五年に、この多摩・三浦丘陵はイルカの形だということが発見されて、「いるか丘陵ネットワーク」が動いていて、いまだに浮いたり沈んだりしていますが、この突っ張りもあって、小網代は二十年間やってきたと、私は思っています。多摩・三浦丘陵の中の小網代、首都圏グリーンベルトの中の小網代。そういうまなざしの変化が重要です。

七　過去の小網代・未来の小網代

最後に、過去の小網代・未来の小網代ですが、今、二十五年くらい前の小網代の話をしました。五十年前はどうだったかというと、あのあたりは、全面が農地、畑と雑木林と水田だったそうです。地元の人に聞きました。二百五十年前はどうだったか。江戸時代も畑と雑木林と水田だったと思います。二千五百年前は、水位が今よりも一～二メートル高いはずなので、河口の湿地は海だったと思います。東電の鉄板道まで波が来ていたのではないでしょうか。六千年前はというと、縄文海進期で今より五メートルくらい海面が高いので、真ん中広場のあたりまで波が入っていた可能性がある。三浦は地震で地面が上がったり下がったりしていますから、確かなことはわからないのですが、今の基準でいうと、地形から見て、たぶんそうだろうと思います。二万五千年前は、地球がものすごく冷たくて、大氷河期に向かう真っ最中。二万年前が最寒冷期、海面が今よりも一三〇メートルも低い大氷河期で、そこに向かっていました。

今日は付録に地球温暖化の話をします。日本の地球温暖化の話は直近の未来の話ばかり。一万年、二万年、十万年の単位で気候を理解しないと、温暖化とは何かわかりません。

　横軸に四十万年前から現在までの時間、縦軸に平均気温をとったグラフを書くと、十万年くらいの周期で、ゆっくりゆっくり寒くなってどーんと暑くなる、ゆっくりゆっくり寒くなってどーんと暑くなる、これを四十万年の間に五回繰り返しています。最後の氷河期が二万年前です（Glacial maximum最寒冷期）。今の時代は、最終氷期が終わって温暖化が進み、頂点に達した五〜六千年前（縄文海進期）を越えて、また氷河期に向かっているが、なお暖かいという時代です。産業革命以後、人類は多量の化石燃料を燃やして炭酸ガスをいっぱい出して、地球を温暖化させつつあると信じられていますが、この傾向が氷河期への移行を阻止できるほど大規模に進むとは、冷静な学者たちは誰も思っていないでしょう〔注：実はそのようになるという古気候学の論調がにわかに活発になっている〕。温暖化があと五千年も一万年も続くと思っている人はいないということですね。千年で終わるか、五百年で終わるか、人類社会が崩壊すれば三百年くらいで終わるかもしれない。その間に、激変が起こって、地球のいろいろなところで資源戦争が起こったりして、というのが、心配されている。今日、メキシコ湾ではグスタフというすごいハリケーンがルイジアナに向かっているけれど、もっと暑くなると、北極海の氷が解けて、北極海の表面に真水が溜まって、メキシコ湾の暖かくなった水が北極海に行けなくなってしまう。暖かい海流が行かなくなるから、イギリスやヨーロッパは、予想されるよりはるかに早く、氷河期に入るという心配もあって、イギリスの温暖化の教科書などには、下手をするとあと百年で、イギリスは暮らせなくなる程寒くなる可能性ありなどと書いてあります。日本は、熱帯になるようなことばかりいっているけれど、国、地域によって、温暖化のもたらす事態への心配は、かなり違っているのですね。

小網代は、あと一、二万年もすれば、またマテバシイもシロダモもない、落葉樹のコナラやクヌギの茂る時代にはいってゆくのかもしれません。さらに五、六万年したら、大氷河期かもしれない〔注：温暖化が止まらず、リアスの海の一部になっているのかもしれない!!〕。そういう何万年のサイクルの中で、人間が瞬間瞬間、直近の利益に振り回され、いろいろなことを考えて、今この一時期六千万円ずつ集めればこんなことができるとか、考えてしまうわけです。十万年の単位で考えようとはいいませんが、人類がまだ五千年くらいは続くと思うのならば、せめて百年とか千年の単位で、都市の構造や、文化を考えなければいけなくて、そういう政治家や学者がどこにいるかという、そういう問題こそ、いま一番大切なことですね。

もっと切実なことをいうと、あと二十五年先の小網代はどうなっているかと、私は思うのです。小網代の活動が始まって二十年、子どもたちが小網代にどんどん来るようになったのがここ十年くらいで、十歳で来た子が今二十歳くらいになっている。二十五年経つと、そういう子が四十五歳になる。世の中で、意思決定をして物を動かすことができる人たちになってゆく。小網代で遊んでいた子がそういう仕事をしてくれれば、二十五年後には、少なくとも三浦半島では、都市計画は百年、五百年、いや千年後をにらむ、地球の都合を根本から配慮したまともな計画になっているかなと、ちょっと期待しています。

■提案から二十年、小網代自然教育圏構想実現へ

2010年8月29日
［第21回小網代の森を守る会総会での講演］

2010年7月、待望のニュースがとどきました。「小網代保全に必要な全ての用地を確保した」と、神奈川県が宣言したのです。近郊緑地保全区域指定に続けて、公有地化の完了。制度の点でいえば、あとは、いまだ市街化区域のままに残されている谷を、市街化調整区域に逆線引きし、あわせて近郊緑地特別保護地区にすること。このニュースをうけて、調整会議は、ようやく、本格的な湿原の回復作業、水系の回復作業に安心して没頭できることとなりました。と同時に、谷（森）の保全一筋に頑張ってきたナチュラリスト仲間たちに、状況の変化を、誤解なく、適切に理解していただく必要が急浮上してきたのです。小網代の谷は、県ならびに調整会議による、管理作業、整備作業の時代に入ること。保全の次の焦点は、広大な加工干潟に移ること。地元とも、行政とも、企業とも連携を深めながら、混乱なくいかに干潟保全への道を開いてゆくか。みんなに考え、理解してもらわなければなりません。こんな日の来ることを期して、1994年、県知事に提出しておいた、「小網代自然教育圏構想」を仲間たちに改めて思い出してもらい、保全活動の体制を立て直す。2010年8月、小網代の森を守る会総会の場で、そんな話をさせていただくことができました。

◎小網代の森がどういうところか、もう一度復習

まず、写真を見て下さい(次頁)。写真に「神奈川県青少年センター」とあります。素晴らしい写真です。我々が対応している小網代が一体どういうところか、もう一度見てみましょう。手前に、本当にきれいな銅鐸の形、ちょっと上から見ると、竜がドラゴンボールを抱えてとぐろを巻いたような形、それが小網代の森、谷です。小網代の森の下に小さく見えていますが、干潟があります。干潟の向こうに相模湾とつながる小網代湾があって、昔から「小網代は森と干潟と海」といってきました。何となくいってきたのではなく、戦略的にいってきたのです。小網代は森と干潟と海がセットで、まず森を全部守る。守ったら次は干潟を全部守る。次に海まで守って、森と干潟と海と全体で二千数百メートルの溺れ谷……。「溺れ谷」というのは、氷河期には、今より水面が一〇〇メートル以上低いから、全部陸だったわけです。それが、海進してきて、今から一万年~六千年くらい前に、海面が今よりも五メートルくらい高くなって、その時には、東電の湿地は全部海の中だったのです。それから、五メートル海面が下がって今の状態になりました。かつては完全に陸化していて、小網代の川によって削られた小網代の谷二五〇〇メートルが、今は下は海、真ん中は干潟、上は森。

この森と干潟と海を丸ごと守って、国際エコリゾートにしようというのが、この小網代の保全に係わった当初からの私の希望でした。小網代の保全のために、ひとりで立っていられる、背表紙に文字の入る本をつくって、『いのちあつまれ小網代』を一九八七年に出したのですが、お時間のあるときに読んでいただくと、まえがき、それから後ろの方に、いるか丘陵のことから何から全部書いてあって、

私がその当時から欲の深い人（!?）だったのかが分かっていただけると思います。

この「森と干潟と海」の森の部分が、完全に保全されました。保全そのものに関して、もう心配はありません。一般の人が利用できるのには、一番早くてあと三年かかります。大急ぎで超特急でいけば、三年で、谷の真ん中にきれいな階段と木道が千数百メートル通って、誰がいつ来てもいい状態でオープンになります。二〇一〇年、今年の夏からその準備に入ったのです。

◎次の課題は干潟の保全、そして海へ

干潟が次に問題です。今はとてもきれいな干潟ですが、まだ全く何の保全もされていない干潟なのです。「漁港区域」という位置づけで、漁港の事務所が管理していま

小網代の森航空写真
（© 神奈川県青少年センター）

すが、それは自然の保全ではありません。厳密にいえば、干潟はまだほとんど保全の規制がないのです。でも、干潟が壊れてしまえば、森に暮らすアカテガニはお産もできない、赤ちゃんも帰って来られなくなります。干潟を守らなければいけません。さあどうするかという段階に、今年の七月から入っているのです。

誰がやるのかというと、これは、小網代野外活動調整会議と守る会がやる以外にないのです。目標は、ラムサール条約指定の湿地にすること。別に何の問題もない。小網代の森の東電の下の湿地が、みんなで土木工事をやって、かつての湿原に戻すプロセスに入っています。あと二年、三年経てば、今から二十年前の湿地と同じ湿地に絶対に戻りますので、三ヘクタールの素晴らしい内陸性の淡水湿地ができる。その陸性の湿地と同じ大きさの河口干潟、さらに、その下のアマモのあるところも含めて、全部で八ヘクタールくらいをラムサール湿地に指定することは、国際条約上全く問題はないはずですね。今は環境省が条件を極めて厳しくして、野生生物保護区とかにならないとだめだとかいっているのです。でも、それだと、日本はラムサール条約指定の湿地が少なくて、国際的にはカッコがわるい。今、千カ所、二千カ所増やすための内部的な調整を、環境省が急いでやっているはずなんですね。我々がよく「絶滅危惧種」といいますが、この絶滅危惧種には、いろいろなランクがあります。例えば、神奈川県の指定、環境省の指定、国際自然保護連合（IUCN）が指定する絶滅危惧種があるのです。小網代には「ハクセンシオマネキ」がいます。あのハクセンシオマネキは、環境省では、絶滅危惧ランクII類（VU）に入っているのですが、国際基準には入っていません。今、国際的に貴重な生物が何種類いるかで、条約指定の次のランクを決定する検討をしているらしいと、環境省と直接話をして聞いていますが、日本の干潟を守るのに、どうしてＩＵＣＮなのか。日本の基準でいいではないか。小網代にはハクセンシオマネキと「イボウミニナ」（絶滅危惧Ⅱ類ＶＵ）の二種類がいます。貴重種はさらに見つかっていくでしょうから、国内ランクになれば、次の次くらいには保全の枠にひっかかると考えています。いろいろな国際会議の開かれ方を頭の中でシミュレーションすると、急げば十年かかることはない。その時のために、小網代野外活動調整会議と小網代の森を守る会は、ラムサール条約指定をしようと二〇一〇年からいっているという状態を、今からつくってしまうことだと思います。森はもう守られたので、森の回復作業、水路や湿地の回復作業は、調整会議に全部任せて、守る会は干潟保全をめざしていく。そういう状況だと思います。

海も守らなければいけません。小網代湾の周辺には、たくさんのリゾート施設やマンションができているので、汚水が入っていて昔に比べると汚れているのです。この間、リビエラの専務と話をしたときに、以前、マリンパークが訓練用のイルカを飼育するために、小網代湾に生け簀をつくって、その中で飼育をしたことがあるけれども、皮膚病をおこすようになったので、施設に収容したということでした。マリンパークの飼育担当の方に、小網代湾は結構きれいだから、マリンパークは思い切って、ドルフィンスイムをやりませんか、そうしたら、それだけで国際リゾートだといったら、水質がある限度を下回っていて、イルカを泳がせると皮膚病になるということでした。少なくとも、イルカがあそこで泳いで、皮膚病にならない水質まで戻さなければいけませんね。

もうひとつは、スタッフにダイビングをされる方がいらっしゃるので、夏は小網代湾に潜ってもらったらいいです。たぶん、小網代湾の入口は、相模湾の深海からすごい勢いで駆け上がっているところなので、年、季節によっては、黒潮が直接ぶつかるような時期があるはずなので、よく調べたら、ものすごいサンゴ礁があると、私は前から思っている。干潟を守るぞといいながらあの辺りでどんどん潜って、テーブルサンゴがあったとか、八方珊瑚があったとかいう報道を、小網代の森を守る会が、会の名前は変わるかもしれないけれど、どんどん出してしまえばいいのです。

海がきれいになるのには、どんなに急いでも十年、二十年はかかりますが、森は守られたのだから、森の整備は調整会議と神奈川県に任せて、干潟を守る。干潟は、うまくすれば、五年で守れる。七年くらいかかるかもしれないけれど、森が守られて、干潟がラムサール指定になれば、もうこれで国際リゾートです。そういう動きを二〇一〇年夏から始めたい。その時の最大のポイントを、みんなによく理解していただきたいのです。

◎干潟保全のポイント

その最大のポイントがこのポスターです（次頁）。京浜急行が、三浦半島をブランディングするために、九月一日から京浜急行沿線に貼るポスターです。京浜急行は、今まで、こういうポスターを出したことがない。思い込みかもしれませんが、京浜急行がこういうのをやると、三崎で「とろまん」を食べましょうとか、やっていたように思います。でも今回は、商売っ気がないのです。これをつくった担当者と、文言や写真の調整をやらせてもらったのですが、素晴らしいと絶賛したら、私たちもそれを狙っていると大変喜んでくれました。ただしーんとしている、小網代の干潟の上げ潮の写真です。ここには、「耳をすませば、天然の水系が育むいのちの物語。」と書いてあります。すごいです。

　耳に染みついていると思いますが、絶対に政治をやるな、ここで政治をやったら絶対に守れない。それが守る会、調整会議の森を守るための政治でした。何党が応援するといっても一切乗らないで、ただ、行政と世論だけを頼ったのです。世論と行政だけでやりました。テレビ報道、新聞報道等と、アカテガニはかわいい、素晴らしいという世論と行政だけで、便乗する政治や学者さんには黙っていただいた。政治団体とは一

京浜急行のポスター

切組まず、行政が小網代を守るほかない状況をつくって、小網代を守ることが、神奈川県の名誉になるように工夫したのですね。

干潟はどうしましょう。今現在、神奈川県に干潟を守る動きはありません。干潟を守る組織が県の中にはない、となれば環境省でしょうか。環境省にラムサール湿地指定を誘導していただくほかに手はない。もちろん神奈川県は通しますけれど。その時に、環境省が、小網代の干潟は国際級の干潟だと認めるには何をしたらよいか、ここがポイントです。守る会はこれが理解できるから仕事ができるのだけれど、はっきりいって、企業以外に味方はいない。あそこが守られて有利な企業は、例えば京浜急行やリビエラリゾートさんですね。京浜急行は、小網代の森を守りました。干潟も、海も守って小規模でも国際性のあるエコリゾートの推進役になっていただいたら、いいと思うのです。

実は先日、地域貢献（CSR）を企業として頑張りたいと京浜急行からお声がかかりました。小学校の子どもたちに、干潟の観察会を京浜急行がサービスとして提供したい、子供たちにマリンパークで、楽しいイルカ・アシカショーも見せてやりたい、京浜急行が予算を持つので、調整会議に応援して下さいと依頼があったのです。で、受託ではなく、実費ベースの有償ボランティアで受け、実行しました（七月十四日）。いろいろ苦労はありましたが、当日は、本当に楽しい学校支援が実現したと思っています。これからの干潟を守る仕事は、環境省を側に見ながら、京浜急行さんとかリビエラさんとか、企業が、干潟を守ることが自分たちにとって得だとはっきり思ってくださる状況をつくれなければだめ。私はそう思っているのです。

皆さんにくれぐれもお願い。京浜急行さんやリビエラさんに、干潟を守ることが本当に得だと信じてもらえたら、我々が何もしなくたって、京浜急行とリビエラが干潟を守ってくれる。そんなことが、と思われるでしょうが、そういう時代になったことを理解していただきたいです。干潟が守られてしまえば、海は自動的にきれいになります。調整会議や守る会がなくてもきれいになる。私が、とても良い材料が出たなと思っているのは、これから羽田に海外便が大量に入ってくることで、あれは京浜急行のドル箱なのですが、羽田に大量にやってくる外国人観光客が、何処へ行くのかというと、一番楽なのは、そのまま三浦半島に来て、おいしいマグロを食べて、素敵な温泉に入って、自然を楽しんで、夜はMM二一で豪華なパーティーをやって帰っていただくのがいいでしょう。私は、今の状況が変わらなければ、京浜急行もリビエラも干潟保全に協働してくださると思っています。CSRではなく、会社のプロモーションとして利益に決まっているからです。

無理に宅地開発をすれば、海を壊して、アマモ場は全て壊滅します。アマモ場が壊滅すれば、アカテガニのゾエア、メガロパは、死滅します。森だけ残っても、あそこはカニのいない「沈黙の森」になる。今いっても、まだ通じないかもしれないけど、来年いえば通じる、再来年にいえば通じる。場合によっては、こっちが何にもいわなくても、先方さまから、そうだと分かってくださる日が来る。そういうプロセスに入ったことを、みんなで了解してほしいです。

◎来訪者対応と管理作業

このポスターは評判になるかもしれません。ポスターの第二弾、第三弾があるかもしれません。どんどん人が来てしまったら、どうしましょうか。スタッフ内部でもいろいろご心配があったのですが、神奈川県と調整をしました。小網代の森の部分に子どもたちや一般の市民がたくさん入って来るのを、今まで「小網代の森保全対策検討会」は、成果として、神奈川県に報告していました。県としてはそれが嬉しい可能性があります。でも、保全のための努力の最中の担当部局はそう単純であるはずがない。整備が完了したら、年間十万人入ろうと、二十万人入ろうと、大丈夫ですが、それまではトラブルがない方がいいと、はっきりいい切ってくださったので、調整会議として、水道広場から下に下りる道の草刈り、峠からベンケイ橋に入る風の道の先の草刈りは、整備が終わるまで当面やめます。一般の人が一切入らないでいいですか、と申し上げると、いいですとのお答え。だから、野外活動調整会議は、通行自粛により草刈りが実行できないので、危険につき通行はお勧めしませんという主旨の看板を立てたのです。それでマムシにかまれる事故があった場合、県も、調整会議もだめといっているのに入ったのだから責任をとれないということです。もう、次のステージに入るまでは、通路の一般的な草刈りはしません。今年は、十月、十一月、あそこに、普通の人が、普通の出で立ちで入り込むことは多分ありませんし、守る会にせよ、調整会議にせよ、学校の子どもたちを連れて、水道広場の坂を下りることも、峠の道を通って谷に入ることもありません。県はそれでいいといっています。たくさんの学校、市民団体を、森の中にご案内する必要は、もう全くありません。どうしても入りたい人は、第三日曜の午前九時三十分に三崎口改札に集合していただき、NPO小網代野外活動調整会議の主催するボランティアウォークに参加して、ボランティアを手伝って下さい。草刈り、ゴミ拾い、トキワツユクサ抜きを手伝って下さい。その人たちに限り、港側かあるいは北尾根側から入って、みんなでつくった整備用の特別ルートを通って、下から東電の湿地、あるいは真ん中広場まで上がって、戻って来ることを始めます。それ以外はルートなしです。

◎小網代保全を巡る市民団体の系譜

小網代保全が一九八三年に始まって、満二十七年になりました。いろいろな団体が関与して、それぞれの使命達成とともに解散、ということを繰り返してきました。これも、今年、この機会にみんなで是非確認しておきたい。

「ポラーノ村を考える会」は、一九八三年に慶應義塾大学の藤田祐幸さんがスタートした会です。設立当初から、私は脇で、補佐官役で、いろいろアイディアを出していましたが、八四年の十一月から、小網代の森に来始めました。この会は、全国に広く小網代の名を広報する目覚しい活動を展開し、一九九四年の五月に、水道広場の下をちょっと伐開して広場をつくって、春祭りを実施し、解散しました。どうして解散したかというと、「ポラーノ村を考える会」は、全国からの応援を得てゴルフ場設置を回避するのが主目的で、当時、リゾート反対、ゴルフ場反対と全国に湧き上がっていた、エコロジー派に大きくアピールすることに成功したのです。しかし、村民たちは、目の前のカニを保護するのは下手、草刈りをして貴重な植物を守るようなことは下手でした。自然保護そのものの活動は苦手だったのですね。ポラーノ村の春祭りは感動的なお祭りで、三崎口から太鼓を叩き、踊りだす人たちが歩きだし、二百数十人だから、三崎口から小網代の入口まで行列がつながって、まるで芸能団のようにねり歩いて、谷を下りて来る。今、みなさんは「水道広場」といいますが、当時は、水道施設は何もなくて、全部広場だったのです。あそこでバーンと展開して、歌を歌い、太鼓を叩きながら干潟に出て、干潟でダンスをやって……。参加者たちは、小網代を守る、命を守ると信じてダンスをするのですが、それが足元の命を踏み潰してしまう展開にもなる。藤田祐幸さんも、これはまずいと思いだしたのですね。藤田さんに誘われて八四年に活動に参加するとき、自然保護で谷が全部守られる展望が立ったら、ポラーノ村構想は廃止して、ポラーノ村は解散してくれるかといったら、解散するというご返事をいただき、自然保護活動として活動を開始した経緯があるのです。一九九四年、谷の自然保全に見通しがつきはじめ、藤田さんはポラーノ村を解散したのでした。

そのポラーノ村と伴走した「ナチュラリスト有志」は、今はもうなくなったと考えていただいていいと思います。解散式はやりませんでしたが、ポラーノ村に私が加担した一九八四年の秋からスタートして、いろいろな要望書を書いたり、研究をやったりして、二〇〇〇年直前くらいまで名前を使っていました。県と詳細の対応をするときに、大学教授とか、研究所の研究員とか、専門的な責任のとれそうな名前で対応するための組織でしたので、実績で対応できるようになれば、あえて別組織である必要はありませんでした。

「小網代から学ぶ会」というのもありましたね。これは、地元で小網代の森を守ろうと活動していらっしゃる方々が、一九八八年の暮れだったと思いますが、つくった会です。ポラーノ村はよそ者と地元でいじめられたので、よそ者でない三浦のポラーノ村メンバーで地元の会をつくろうと、結成された会でした。しかしこの会は、一九九〇年、地元の選挙に立候補しようというメンバーと、政治はせずに本来の趣旨どおりにすすめたいとするメンバーの意見の相違が明確になり、解散ではなくて、会の事務局が退会する事態が起こり、中心的な活動は停止しています。ゴルフ場認可に反対する署名運動のあと、一時政治の季節がきたのです。その時期、会の代表者が、市長選に出たいといいだしました。市長選に出て負けたら、もうそれで保全はなしという世論になってしまう。止めてくれという意見が事務局の過半だったのですが、合意できず、事務局を支えていた地元の女性たちが離脱して、ナチュラリスト有志と組んで、一九九〇年の夏、「小網代の森を守る会」をつくったのです。

「小網代野外活動調整会議」は、一九九八年にできました。当時、どうやら小網代は守れそうだという行政の動きになってきたので、様々な意向で保全関連活動に参加する団体が増えはじめました。小網代野外活動調整会議は、それらの団体の足並みを調整するために、工夫された団体です。保全に向けて期待と緊張の高まる小網代での多様な活動について、非政治・協調を柱とした活動の合意事項をとりまとめ、トラストにも公認していただき、これに合意する団体が連携して立ち上げたものでした。この組織を行政が信頼してくださって、二〇〇一年度からは、五年計画で、環境農政部と協働事業が実施されました。神奈川県が千数百万を支出し、調整会議が数百万を出し、当時可能な範囲で、小網代の通路や広場の整備作業、それに夏のカニパトなどを実施したのでした。大蔵緑地は、当時、地元の建設業者に我々が発注し、ユンボを入れて整備した場所です。ビオトープの池は、岩盤が固くて手では掘れないので、ユンボでガンガン引っかきましたが、予算内ではあそこまでしか掘れませんでした。背後の谷から雨の水が流入して、アカテガニたちの脱皮の場所として、見事に機能しています。

協働事業が終わる一年前に、助成金を出す県の選考委員会から、NPO法人にならないと二〇〇五年度の助成金は出せませんといわれてしまいました。NPO法人になろうなんて、当時、私たちは思ってなかったのですが、助成金がなくては仕事になりませんので、二〇〇五年の夏に「NPO法人 小網代野外活動調整会議」を創設しました。その時、NPO法人になったら、神奈川県やかながわトラストから事業依頼があるとのお話もあったのですが、さまざまな事情で事業は出ず、一円もないNPOができてしまいました。しかしここは、事務局スタッフがあちこちの大型助成金に応募してくださって、次々に当たる快挙で、切り抜けてくださいました。全国の助成団体から何百万と助成金をいただいて、そんな認知を受ける団体とは、正直ちょっと思っていませんでしたので、驚きもし、喜びもいたしました。多分この間、毎年四百万くらいのお金を使って、インターン、その他の人には謝金を全て出して、運営ができる状態で今日に至ったものです。ついでにいうと、来年の見通しはまだ立っていません。どこかでまた工夫するのかなと思います。

◎小網代の森を守る会の新しいミッション

さて、最後は、本日、ここに集われている、「小網代の森を守る会」です。一九九〇年、「小網代から学ぶ会」の事務局と、ナチュラリスト有志が合体して設立された会であることは、すでに触れたとおりですね。小網代は、行政の大きな努力で、きっと守られてゆくだろう。そう先走り的に、信頼して、クリーンアップと自然観察会を地道に継続しながら、同時に、かながわトラストみどり財団と連携し、かながわのトラスト会員を増員する啓発活動を推進しました。設立当初から、大きな希望をもって推進された啓発活動は、四、五年で四千人を超える会員を増員する成果をあげ、神奈川県が小網代保全を決断する大きな補助線を引くことに成功したと、私たちは思っております。そして、二十一年目の夏を迎えて、大きな節目に直面しているのですね。

森は守られました。森の環境整備、環境回復作業は、行政と、NPO小網代野外活動調整会議がすすめてゆくと、覚書で確認されています。さて、守る会は、どんな体制で、新しいこれからの時代を迎えてゆくのでしょうか。

私は、「小網代の森を守る会」のスタッフ体制については変わる必要は全くない、今までどおりでいいと思っています。ただし、名前とターゲットは変わるのがいいと思っています。森の回復作業は、全部、県と調整会議に任せましょう。森の作業をやりたい人は、調整会議の帽子をかぶり直して、作業に行きましょう。子どもたち、市民の世話をし、ここはいいところだと宣伝をする中心は、森から干潟に変えましょう。なぜなら、みんながやらなければできない次の大仕事は、小網代の河口干潟を、ラムサール湿地に指定する仕事だからです。来年の三月の段階で合意がまとまれば、「小網代の森を守る会」は、是非、「小網代の干潟を守る会」に名前を変えて、メンバーはそのままでよろしいので、ターゲットを変えて、干潟周辺で、今までのような楽しい仕事を、調整会議とともに、行政とも、地元とも、企業とも仲良くしながらすすめましょう。

その際、干潟周辺で何ができるかです。実は、この提案をするために、県とやり取りをしました。干潟の部分は県の環境農政局自然環境保全課は口を出しにくい。漁港区域だからです。ただし逆に公有地なので、観察会をすることに関して、特別の許可はいりません。一方、別荘前の通路の山側は、全部保全区域ですから、あそこで何かをやるには、神奈川県環境農政局の自然環境保全課の許可がないと、何もできないのです。大蔵緑地でも何もできません。でも、これはありがたいことで、環境農政局自然環境保全課がいいよといえば、できるのですね。大蔵緑地の保全のための管理、学習、大蔵緑地の裏の谷では、保水力回復をしていきますが、あそこでの保全のための作業、活動、自然観察会、それからもうひとつは、高橋別荘跡地全ての環境管理、学習、その他の活用等、市民団体としての了解をいただいてきました。あそこは調整会議とともに、連携する守る会が活動の場としていただいて、例えば今、高橋別荘のところは、道の脇に樹が立っていますが、あれはお家を守るためのものだったので、伐採して一本の道の両側に湿地があるようにする。山側には真水の湿地があって、池があって、ゴミを排除してきれいにすれば、かなりの広さがあります。ここで、子どもたちがカニと遊ぶ学習会などはいくらやってもいい。そういう仕事を干潟で活動するのとセットで、主たる活動にするような、「小網代の干潟を守る会」の活動に転じていけたらいいなと思います。

◎小網代自然教育圏構想

最後に、一九九四年に守る会とナチュラリスト有志の連携で神奈川県に提出した、「自然教育圏構想」(本書188頁に収録)についてお話します。なぜ一九九四年に提出したかというと、この年に神奈川県知事が、小網代の森はゴルフ場なし、守る他ないと、神奈川県議の吉田さんの質問に答えて表明したのです。この自然教育圏構想を書いたのが、その前だったのか、あとだったのか、よく覚えていませんが、そういう動きになったことが分かったので、これを出しておかなければと思って書きました。何を書いたかというと、保全するに当たっては、これを重点的に守ってください、ここは妥協しますということが書いてある。当時読んだ人は、意味が分からなかったかもしれないけれど、今読んでいただければ、一〇〇%意味が通じるはずですね。

まず、「中央の谷は景観・生物多様性保全のコアゾーンに」。中央の谷というのは、今、保全された七〇ヘクタールのことです。正式にいうと、七二・三ヘクタールあるのですが、二・三ヘクタールは何か特別の事情で保全ラインからはずされたのです。完結した浦の川の集水域生態系として、ここは全部守って下さいということを書きました。

ここにある「北の谷」というのは、いま私たちが中央の谷の一角で「北の谷」と呼んでいる場所ではなくて、小網代の谷の北側に接する、通称「ガンダ」のことです。「北の谷は水系を配慮しつつ市街化地域とのバッファゾーンに」とありますが、京浜急行がここまで延びてくることを、守る会はもうこの段階で県その他との調整で了解せざるを得なくなっていたのです。そもそも線路は、小網代湾を渡って油壺まで延ばす、今も免許上はそうなのですけれど、それをやったら、小網代の森は滅茶苦茶になるから、それはなし。ガンダまでは延ばしたいというのが、開発側の意向でもあり、県側の主張でもあり、それは呑むほかないという判断を、九四年に私たちがしていたということです。その代わりに、ガンダの下手には保全領域をちゃんと海岸までつくり、場合によっては、谷の上の方も残すようにいっていて、ほぼその形で、今、実現しているものです。

「南の谷は水系を守りつつ教育リゾート施設の基地とする」。南の谷が全域、住宅地になることも読めていたのです。ただし、単純な住宅だけの開発にならず、教育の要素もあるリゾート開発になったらいいと、神奈川県と京浜急行電鉄に伝えるために、こういう書き方をしました。具体的には、あの谷の下手には住宅は建てず、白髭神社の裏の谷の一番中央あたりに、百人から二百人くらいの子ども、家族が宿泊できるような、宿泊・リゾート・教育施設をつくって、学校、特に私立学校が連携して利用して、そこに来た親、子どもが、今度は二泊三日で来ようねというような、そのときには地元の民宿を利用して下さいねといえるような開発がいいと、神奈川県に説明しました。このときに、乗ってくれる学校が一校もないでは動かないので、当時、鶴見にあった「橘学苑」の先生に相談して、チャンスが来たら、うちの学校をその方向に誘導しますというお話もいただいていました。今、その先生は、別の学校の先生になっていますが、時々、小網代にも来られています。最終的に確定するときに、この南の谷は、形式的には住宅開発で決まってしまいましたが、希望はそのまま、生きています。

中央の谷については、中央の北の谷は、保水のための森として、下手の大規模湿地の水源地として守ってくださいと、お願いをしてあります。どうしてこう書いてあるかというと、ここを先行して開発させれば、その他の部分の小網代の谷の保全については協力すると、当時、三浦半島の保全運動のリーダーの皆さんが私のところに打診して来られたことがあるからです。「北の谷は貴重な生物がいないから優先して埋めさせて、その代わりにお隣の北川湿地の一番上のところに大変にランが多くて、神奈川県の調査では自然度が高いので、そこを守りたい。この案であれば京浜急行は呑むから了解しないか」といわれたのですが、私は小網代はそのようにして切り刻んで守れる場所ではない、集水域が完全に一体の生態系だから丸ごと守るという以外に守りようがない。切り売りを始めたら、ばらばらになるからお断りしますといって、お断りしました。どうして、我々が、北川湿地の保全運動に加担しないで来たかというと、そもそもは、北川を守りたいから小網代を先行的に開発したいという提案があったからなのですね。

「中央の谷への配慮」については、コアのゾーンとそれ以外に分けて、中心部については、人が利用できるようにしましょうと、この段階で提案しています。これが、その後の計画にも反映されていて、最終的には、小網代の森が「近郊緑地特別保全地区」になって、市街化調整区域になったあとで、中央の谷は、今みんなが歩いているルートに沿って、八ヘクタール前後が、都市計画決定で都市公園になって、そこに何億かのお金が投入されて、木道が整備され、指定管理者が入って来ることになるのかもしれません。そうなっても全体を守ってゆけるという誘導を、こちらの方からしてあります〔注：実際には当面、都市計画公園構想はなくなり、特別保全地域として施設物のない緑地になります〕。

「ビジターセンター／研究センターなど」。ビジターセンターをつくってくださいとお願いをしてきました。候補は、高橋別荘です。これについては、後日談があります。二〇〇〇年前後だったと思うのですが、あの昔の建物をそのまま全部、ビジターセンターのようなものに小網代の森を守る会、調整会議に利用してくださいというご意向が地主さんと県から示されて、調整会議から事務局スタッフでやると県に電話をしたら、これでまとまりますと県が大変に喜んだのです。しかしその数日後に、何か胸騒ぎがして、朝、あんなに早く起きることはないのに、五時か六時に起きたと思うのですけれど、メールを開けたら、「今朝、建物が焼けました」というメールが入っていたのです。その火事を契機に、売り買いの話は一切なくなって、元の木阿弥になってしまいました。いろいろな経緯があったのだと思いますが、去年、高橋別荘は、完全買収が済んでいます。建物がなくなったので、ビジターセンターをつくる話は、残念ながらなくなってしまいました。都市計画公園になるわけでもないので、保全地域内にビジターセンターは作れない。不必要でもあると、今は思っております。域外に、さまざまな工夫で、整備されればよいことですね。

最後に、「小網代保全検討会議」に触れておかないといけませんね。小網代保全検討会議を始めないと大変と提案をして、一九九八年、スタートしてくださったのは、当時のトラストの事務局長だった本間さんです。本間さんは、かながわトラストみどり財団の中に、小網代保全のための検討会を二つつくってくれました。その一つが、保全検討会議でした。あれから十三年、保全検討会議はこの四月から、神奈川県の委員会に格上げされました。もう保全されたので、トラストが頑張る必要がなくなったのですね。私は本当にお世話になったので、本間さんの思い出に、あえて一言触れさせてください。本間さんが亡くなられた折り、お葬式に小田原に行って、宮沢賢治のいろいろな話が出るので、奥様とお話をしたら、「うちの亭主は宮沢賢治主義者だった」と。新潟の本間家の分家に生まれて、本来だったらずっと新潟にいなければいけないものを、宮沢賢治が大好きだから岩手大学に行ってしまって、故郷に不義理をして神奈川勤め、ポラーノ村の運動に出会い、本間さんは心の中にあった自分のミッションを、小網代で生き切られたのかと、思うのです。小網代は、そういう形で、それぞれのミッションを生き切った人、個人が支えてきたものでもあるのですね。

私は、小網代の森を守る会についても、ひとつ大きな仕事が終わって、転換の時と思っております。会を閉じるというのではありません。森は守られました。次の課題は、干潟の保全です。干潟を守るまでは、守る会がやらなければだめなのです。干潟が守られてしまえば、あとの海は、たぶん放っておいても、もう企業と行政がやるかと思いますが、干潟を守るところまでは、守る会で、名前が変わっても、目標が変わっても、同じスタッフ体制でやっていきたいと思うのです。来年の春四月、小網代の森を守る会は、活動二十年の節目を経て、「小網代の干潟を守る会」として再出発する。そういう方向で、ぜひ、論議をしていただきたいと思います。

保全された森の回復再生作業は、NPO小網代野外活動調整会議が、神奈川県、かながわトラスト、三浦市、さらには地元の漁協や企業とも連携して、全力ですすめてゆきましょう。その先に広がる河口干潟を、調整会議、そして地元の企業や漁協とも連携して守ってゆく広報をすすめ、工夫をすすめてゆくのは、干潟を守る会として再生継続されてゆく、小網代の森を守る会の仕事です。

※新しい会の名称は、その後「小網代の干潟を守る会」から「小網代の森と干潟を守る会」に変更になりました。

■湿地回復・干潟保全・支援会員・新しい連携

2011年9月4日
［第22回小網代の森と干潟を守る会総会での講演］

2010年夏、神奈川県による小網代の森完全保全の宣言をうけ、調整会議の活動は、改めてビジョンと焦点の整理に追われていました。調整会議による森の管理・整備活動と、干潟保全を軸とした今後の保全アピールをどのように整合させ、調整してゆくか。完全保全をうけ、2014年春を目標として、中央の谷1200mの谷底に、一般来訪者のための階段、木道、デッキを敷設するための神奈川県の測量、工事が始まって谷の通行自粛が要請される中、学校や一般訪問者のみなさんに、調整会議はどのようにしたら小網代体験の機会を提供できるのか。干潟保全へのさらに大きな連携を呼びかけつつ、2014年のオープンをめざして全力で谷の湿原、水系の基本整備を終えたい調整会議は、さらに大きな希望に支えられつつ、活動資金確保を軸にまたたくさんの課題を乗り越えてゆかなければならない時代に入りました。そんな課題に対応してゆくための、気持ちの切り替え、新いビジョンの切り替えを、ナチュラリスト仲間たちと語る必要がありました。焦点は企業や地元とのさらに大きな連携、ずっと連携協働している「かながわトラストみどり財団」のトラスト支援会員制度との全面連携。2011年9月4日、「小網代の森と干潟を守る会」総会で話す機会をいただきました。三浦市の都市計画における小網代の谷の位置が、市街化区域から市街化調整区域へ、近郊緑地保全地区から近郊緑地特別保護地区に切り替えられたというニューがとどいたのは、翌10月半ばのことでした。小網代の谷、都市計画としての保全、完成です。

冒頭、司会者の方から、慶應大教授とご紹介をいただきました。なんだかすわりがあまりよくありません。

専門は生態学や進化論なのですが、大学生になる前から、心の中ではずっと環境市民運動をやっていたような気がします。水害と、汚染と、公害だらけの横浜市鶴見区で育ちました。小学校のころから、都市と自然がどうしたら共存して暮らせるか悩んでいたと思います。心の市民運動をやっていたような気がするのですね。たまたまそういう人が、人生の行きがかりで大学の教員になった。その職業も活用して、もちろん本職もしながら、市民活動に関与してきました。諸事情あってもっぱら学者家業だけに没頭していたのは、一九七六年から小網代の活動をはじめる一九八四年まで。論文を書き、本を書き、翻訳をやり、専門の勉強に没頭したのは、この八年間だけかもしれません。以後は、環境思想の理論・実践分野も専門に取り込みながら、ずっと実践活動の中におります。

一九八四年秋に、小網代の保全活動に参加しました。以後しばらくは「ナチュラリスト有志」という名前で仕事をさせてもらいました。その後いろいろな経緯もあって、守る会のスタッフもやり、今はNPO調整会議の代表理事で、たぶん身体の動く限りは、全力で取り組んでゆくことになろうかと思います。小網代の仕事は、慶應の教授としてではなく、私の人生のようなものであると思っています。

これから四題、話をいたします。これまで小網代保全の流れにずっと付き添ってきたみなさまの基本認識が、場合によっては、明らかに、根本から、崩れ去るかもしれません。今日はそういう日だと、是非、思っていただきたいと思います。

◎保全の枠組

去年（二〇一〇年）の夏、小網代の完全保全が決まりました。神奈川県が小網代の森の保全に必要な用地をすべて確保したと、宣言したのです。しかし、ずっと保全を求めてきた私たち自身が、完全保全が決まったという意味を、実はいまひとつ呑み込めていない。もう完全保全してしまったということが、ひとつわかり切れていないような気がするのです。小網代の森そのものには、もう保全の課題はない。例えば、これから我々が森に入って、もう一回、開発はしないでとアピールするようなことは、必要がないし、あり得ない。そういうことが、体でわかっていないかもしれないのです。

神奈川県が、保全に必要な土地のほとんどすべてを、税金を使って買い上げたのは去年の二月。まだ、買収に応じていない土地が、もしかすると、ほんの少し残っているかもしれません。京浜急行電鉄が、その土地のまま保全していただいていいと約束をしてくださった場所もあります。それらを含め、事実上、小網代の森のすべての土地は、神奈川県のコントロール下に入りました。だから法的には、もう完全保全なのです。

とはいえ同時に、制度上では、まだ一〇〇%の自然保全ではない。今、小網代は、「首都圏近郊緑地保全法」の「緑地保全地区」なのですが、これは縛りが極めて緩いので、このままであれば、将来、一部を私たちの考えるような保全とは別の形で利用できてしまうかもしれません。だから県は今、それができないようにするステップに進んでいます。ふたつステップがあります。現在、小網代の森は「市街化区域」なので、それをすべて「市街化調整区域」に張替えます。もうどんどん仕事が進んでいるから、そう時間をかけずに済むでしょう。それと同時に、「首都圏近郊緑地保全法」の「近郊緑地特別保全地区」という、ぎりぎりに厳しい枠組みをかけます。小網代七〇ヘクタールが「市街化調整区域」になり、「近郊緑地特別保全地区」になれば、もう別目的での開発利用はできなくなる。

神奈川県は、国から膨大なお金を助成金をもらって、この保全を達成しました。かながわトラストみどり財団のお金で、小網代の森を買ったと思っている方が、まだたくさんいますが、トラストが独自のお金で買った小網代の土地はありません。あるのは、一部、神奈川県の「みどり基金」という、これは神奈川県のお金です、そのお金を使って、森の一部を先行的に買い上げました。トラストがなぜ関与するかというと、どの場所を買い上げるかについて意見をいう、そういう意見発信の機能をトラストが持っているからです。わたしたちがトラストに寄付したお金のうち、アカテガニ募金は、トラストに寄付しているのではなく、神奈川県の基金に寄付されていて、理論的にいうと、そのお金の一部が、買い上げ金にいっています。神奈川県のトラスト運動はそういう構造をしているのですね。後でお話しますけれども、かながわトラストみどり財団が、小網代の保全に本当に力を発揮するのは、実は、これから。いよいよ本格的な活躍の時代に入るといってもいいのです。

ポイントをもう一度要約します。これから県が、「やっぱりやめた、小網代を住宅地にする」、とどうしていえないのかというと、国から数十億というお金を出してもらって、小網代を買い上げていますから、やめたというと、全部返さなくてはいけない。だから、もう、小網代の谷、森に突然家が建つようなことはあり得ません。日本が法治国家をやめない限りは、もう保全は終わったのです。

だから、「小網代の森を守る会」は、森ではなくて干潟を守る、「小網代の干潟を守る会」にしませんかという提案を私はしたのです。とはいえ今までの経緯もあるので、「小網代の森と干潟を守る会」で再生しませんか、と。後ろに「第二十二回総会」というのがあって、これはみんなの気持ちを考えれば、第二十二回なのですけれども、保全活動の果たすべき役割を歴史的に考えれば、「第一回 小網代の森と干潟を守る会総会」でなければならない。今日はその辺りをしっかりみんなに理解していただきたいと思います。

しつこいようですが、小網代の森について、もう保全は完了。住宅になることはあり得ません。今後の可能性としては、みんなが自由に歩き回れる、公園のような形で保全される可能性はありました。正確にいえば、一昨年くらいまでは、その可能性が残っていました。しかし今、その可能性はありません。そうするためには、谷の中央の部分を都市計画公園として都市計画決定する必要があるのですが、神奈川県は現段階ではこの道を取らなかったからです。公園にせず、「近郊緑地特別保全地区」として保全すると決めたのです。

その特別保全地区をどう県は保全していくのか。谷の中を、みんなが都市公園のように自由に散策するのは不可能な保全になってゆくと思います。保全される前、我々は、パトロールで、あっちの尾根こっちの湿原と、調査やお世話で歩き回りました。とても楽しい体験でした。あれは小網代保全の神話時代の幸せな記憶。二度と戻ってこない活動なのです。保全が叶ったから、守る会がもう一度森の探検をやる、子どもや市民を案内して森を自在にゆくということは、あり得ません。これはよく、よく、呑み込んでおきましょう。

じゃあどうするのかというと、人を全く通さないという保全は当地ではあり得ないので、早ければ二〇一四年の春、中央の谷に一般散策者の通行できる通路が一本通ります。階段と木道を基調とした、通路です。一般の訪問者は、そこしか歩けませんが、守る会を含めて、一般の市民団体もそこしか、歩かないのです。もう小網代の森の中で、どこかの市民団体が、自由に山を歩いて人を案内するという活動は、調整会議であれ、守る会であれ、どこの団体であれ、一切ないのです。中央の谷をつらぬいて、木道が一本、オープンにされるだけです。

木道を一本通して、あとは、大規模な資金を使わないで、自然の維持・管理をしてゆくというのが神奈川県の方針です。放置していたら、湿原がまた乾燥するかもしれない、山火事が起こるかもしれない、サラサヤンマがいなくなるかもしれない、川はまたどんどん掘り込まれ、水が少なくなって、ホタルはいなくなり、ハゼも上がらなくなり、アユが遡上するなんてとんでもないというような川になってしまうかもしれません。過去にもう四十年間放置したために、現に今そうなっていて、調整会議が全力の回復作業をしているのですが、未来にわたっても、お世話がなくなればまた、大きな攪乱が起こるでしょう。そのお世話はだれがするのか。調整会議が、これまでと同じように継続します。調整会議は、保全確定後も、環境を回復する、生態系の回復維持作業を、県からの受託関係なしに自力でやりますという覚書を、県と取り交わしているのです。

去年の秋の「小網代の森保全対策検討会議」という県の会議で、二〇一四年の早ければ四月、小網代の谷の中央の通路が一般公開された後も、NPO小網代野外活動調整会議が、独自の資金調達努力で（可能な限り未来にわたって……、とまでは書いていませんが）、お世話を継続することが、委員会の合意となっています。小網代の森と干潟を守る会でも、よそのどの会でもなくて、NPO小網代野外活動調整会議が担当するのです。森が完全オープンされたら、谷で湿原の回復作業、森の伐採作業、川の回復作業をやるのは、守る会ではなくて、小網代野外活動調整会議なのですね。

小網代の森と干潟を守る会は、誰でも歩ける通路の散策をとおして、もちろん観察会などをすすめることは可能です。でも、昔のように自由に小網代の森の中を歩き回り、小網代の森の中で草を刈ったり、生きものの世話をしたりすることはできません。でも、悲しまないでいただきたい。なぜかというと、ここにいる守る会のスタッフの大半は、小網代野外活動調整会議の理事であり、インストラクターであり、スタッフですから、作業をやるときには、小網代野外活動調整会議の帽子で訪問していただければ、個人としては変わることなく、管理作業に、小網代の自然のお世話の活動に、参加できるのです。ただしそのときに、調整会議のメンバーでない人を連れて、勝手な散歩をすることはできないのです。いいでしょうか。ここをまず、しっかり呑み込んでいただきたいのです。激変のこれが第一です。

NPO小網代野外活動調整会議の仕事についてお話します。調整会議は、ここ数年すでに湿原の回復、川の回復をすすめています。どんどん成果が上がっています。川の回復については、昨年の秋ごろから、県の了解を得て川辺の藪や樹木を切り始めました。流れが一気に明るくなって来た。一昨年の水系調査では、ほぼ全水系にわたってカワニナが絶滅状態で、ほとんどいなくなっていました。イシマキガイという河口にいる貝は、一個体も見つからなかったのです。それが今年の調査では、カワニナはいくらでもいます。イシマキガイも小さな貝が、ものすごい数、帰ってきました。それどころか夏には、従来は河口に集まるだけだったアユが、河口から五〇〇メートル、上れる限り上まで、集団で上がって来たのです。私が小網代に通い始めて二十七年目になると思いますが、こんな光景ははじめてなのです。川はどんどん回復してゆきます。二〇一四年のオープンの年の初夏は谷中がゲンジボタルの乱舞に包まれるような気がします。湿原はデコボコがありますが、今年見る湿原は、アシが一斉に回復しています。ヤナギやササやノイバラで乾燥しきっていた三、四年前の状況とは一変して、基盤は完全に湿原に戻りました。これを続けてゆきます。みなさんには、「小網代の森と干潟を守る会」の会員としてでなく、小網代野外活動調整会議のスタッフとして、これらの仕事を支えていってほしいのです。森の中で活躍していただける最大の仕事は、この湿原と川の回復作業、その土木作業に参加していただくこと。これに尽きるのですね。

小網代野外活動調整会議は、全国の大きな助成団体の助成金を何度もいただきました。事務局の熱心な対応で成果を獲得し、ものすごいお金をもらいました。その経緯もあり、仕事は、基本的にはすべて法人の自力、しかも有償でやってもらっています。守る会のスタッフのみなさんには、それをかなり会に寄付をしてもらっているかと思います。これからも、これを有償でやる方針を変えるつもりはありません。日本社会におけるボランティアはなかなかに難しい存在で、ただで仕事をしてもらうとしばしば政治が入る、宗教が入る、様々なわがままが入る。それで滅茶苦茶になるというケースがまれではありません。責任のある仕事ができなくなるのです。これを、有償の契約関係にして、法人の方針、約束と違うのであれば、お引き取りくださいといえる構造にしておかないと、社会的な責任が果たせない、後に引き継げない、私たちはそう思っているのです。

しかし、実は大問題があります。小網代の森が保全されたために、今年に関しては、一般的な自然保護助成金は全部落選となってしまいました。当り前ですね。四〇〇万、六〇〇万、九〇〇万と助成してくださった財団に、おかげさまで小網代は森が全て保全されました、ついては、引き続いて草を刈りたいので五〇〇万支援くださいといったら、それは誰だって、後回しにするでしょう。悲しんでもしょうがない、当然のことなのですが、小網代の管理作業の資金逼迫《ひっぱく》。つらい状況になっています。でも今年は頑張ってやっています。守る会や有志の皆さんからの寄付、財務担当スタッフの節約で、ぎりぎり、あるいはかなり破綻しつつ、回しているのですね。そして今後とも、年間四百万くらいは必要という状況は続いてゆくのです。さあどうするか。自力での寄付集金と、可能な助成金の確保はもちろん続けます。しかしそれだけではどうにもなりませんね。命綱は、かながわトラストみどり財団からの助成金なのです。そのトラストからの助成金が、特別な制度のおかげで、今、拡大している。先程、「かながわトラストみどり財団が、小網代の保全に、本当に力を発揮するのは、実は、これから」と申し上げたのは、今、拡大中のその助成金のことなのです。

歴史をたどると、かながわトラストみどり財団からの助成金は、昔は、調査経費だったのですが、今は作業にも使用できる枠組で、しかも金額も着実に増えているのです。企業からの大きな寄付（リビエラリゾート社から一五〇〇万円）もあり、昨年は二五〇〇万を超える規模、今年は二〇〇〇万円の規模になる予定です。これはすごい。本当に助かる。命綱というしかない。これを、今年が二〇〇〇万なら、来年は二五〇〇万にしよう。再来年は三〇〇〇万にしよう。私は五〇〇〇から六〇〇〇万にしてゆけると考えている。かながわトラストみどり財団から毎年五〇〇〇万の活動資金が来るようになれば、よその助成金は一円もいただかず、かながわトラストみどり財団と小網代野外活動調整会議の連携・協働で、小網代の谷はずっと日常管理をし、お世話をし続けることができます。そうすることが私の夢。実はそうすることが、神奈川県にとっても、かながわトラストにとっても、調整会議にとっても、たぶん一番いい道なのです。小網代の森と干潟を守る会にとっても、これが一番いい道だとみなさんに理解していただきたい。今日はそういうお話です。

◎干潟保全

小網代の森は守られました。ところが、そもそもの開発の予定は、森だけではありませんでした。干潟を全部掘り抜いて、ボート基地にする計画もあった。地元の漁師さんたちは、そのボート基地の管理をしてお金が入って来ると期待をしていました。いろいろな経緯があって、小網代の森だけではなくて、干潟の開発もひとまずはなくなりました。そういう意味では、二十数年の小網代の保全運動は、すごい成果を上げたのですね。とはいえ、森については全部公有地になったから、もう開発はないのですが、干潟は法的には一平方メートルも保全されていないのです。開発が止まっただけで、積極的、制度的に保全されてはいないのです。形式だけでいえば、干潟が、今後ボート基地になる可能性は、あるということになりますね。そうなってしまえば、アカテガニは森に上がって来なくなります。お産をしても、幼生が育たなくなるので当然です。だから、干潟の保全を実現しないと、森の保全は完成しない。そういう意味では、まだ、小網代の森の保全は完成していないといえないわけでもありません。さあどうしましょうか。

課題は一杯あります。干潟にいろいろ構築物をつくりたいという意見が出たときに、それを止める法的な枠組みがないだけではありません。みんなが通称「南の谷」と呼んでいる、白髭神社の裏のあの谷一帯は、小網代の森七〇ヘクタールを保全する方針が県によって確定されたのと同時に、全域、開発が認められているのです。先ごろ印刷された、守る会二十年の記念冊子の中に「小網代自然教育圏構想」という、一九九四年の要望書が載っています（本書188頁にも収録）。あれをよく読んでいただくと、南の谷は、開発をするとしても、全面的な住宅地にせずに、谷の中には、企業と民間が協働する、百人、二百人が泊まれるような、エコリゾート、教育リゾート的な施設をつくる方向に、工夫してゆけないかと書いてあります。南の谷が、住宅地開発でＯＫになるということを百も承知で、そう書いたのです。まずは小網代の森の全面保全が大事。南の谷については、保全的な開発の中での工夫で、きっと大丈夫。企業の協力だって得られてゆくという、私の判断、希望、信頼がありました。今現在も私の状況判断は同じです。

ではどうやったら、小網代の干潟を保全してゆけるか、南の谷の保全的な活用を誘導してゆけるか。この度は、昔のように大運動を展開する状況ではあり得ませんね。やる必要も、たぶん全くないと思います。もう時代が変わったからです。なぜかというと、小網代の干潟を残すことは、干潟と森と海で構成される小網代流域の生きものたちの賑わいにとって巨大な利益なのはもちろんのこと、地元漁協にとっても、リビエラにとっても、マリンパークにとっても、そしておそらくは京浜急行電鉄にとっても大きな利益であり得るからです。例えば、リビエラリゾートさんは、小網代の自然を楽しむ子どもや家族を応援できれば、ブライダルを旨とする企業戦略にとって、すばらしいブランティングになると考えておられます。だから昨年、一五〇万円の大きな寄付を、トラストを通して調整会議にご提供くださいました。とっても正しい判断ですね。エコリゾートとしての誘導ができてゆけば、地元漁協にとっても、マリンパークさんにとっても、また散策者の電車利用増加だけでなく周辺で不動産業務を工夫するかもしれない京浜急行電鉄さんにとっても、大きな利益になってゆくはずです。

去年、京浜急行電鉄が、CSR（Corporate Social Responsibility 企業の社会的責任）で、横須賀の小学校の干潟観察会をやって、そのお世話を調整会議に依頼してくださいました。そのときに、参加した子どもたちすべてに、しっかり小網代を体験してくれてありがとうという賞状が、京浜急行電鉄から配られました。賞状を渡したのは、私。案内責任者として私の名前も印刷されていたのです。とってもうれしいことでした。京浜急行電鉄は、CSRの証拠として、京浜急行のホームページにその事業を紹介もしてくださいました。今、京浜急行電鉄の半分は、調整会議や守る会と一緒に、あそこは大規模な住宅地開発をしないで、干潟が残ったらいいと、実は、思っておられるのではないでしょうか。あと半分は、もちろんまだそういう判断でないかもしれません。会社だって一枚岩ではないからです。でも、社内の保全配慮が、きっと多数になり、方向を決めてゆくと、私は確信しています。私たちは、南の谷についても、開発反対はいわない。開発でいいからです。その開発が谷底を住宅等で埋めず、水循環の健全を守る開発であればいい。思い切った営業も可能なエコリゾート施設を導入してくだされば、さらにいいというだけのことだからです。

原点に戻って考えていただくと、そもそも小網代の森も、三戸・小網代土地区画整理、大開発一六九ヘクタールに反対して守ったのではありません。我々は代案を出しただけ。道路をつくり、農地造成をし、最低限の住宅地をつくり、場合によっては鉄道を延ばすことも、都市基盤が脆弱極まりない三浦市を支えるインフラ整備として、私たちは反対しませんでした。ただし、全部を住宅地にする、全部をゴルフ場にする、白髭神社の岬をホテルにして湾口の美しい富士の光景を、お金持ちの独占にゆだねるような開発はやめましょうと提案しました。そして一六九ヘクタールのちょうど半分、八二ヘクタールを緑のまま残す、そんな「三戸・小網代開発にしませんか」という代案を提示し続けました。ガンダの谷、南の谷の一部を含めると、八二ヘクタールくらいになるのですね。残念ながらそれは叶いませんでした。ガンダには駅をつくりたい人もいて、半分埋まったのはご存じのとおり。南の谷は住宅地にしたいという、京浜急行の強い意向があって、私たちはそれはあとで調整ができると思い、反対はしなかった。それで、七〇ヘクタール、浦の川の集水域すべてを、完全保全できたのです。今回も同じことです。南の谷について、開発全面反対ということは、守る会も調整会議もいうはずがない。あるのは一九九四年時点で、すでに骨格を明らかにしてある、代案の、場合によってはさらに洗練された提案。谷を土砂で埋めて、平らにして住宅を建てるというメニューはなしにして、谷底は水循環健全のための保全とエコリゾートで活用しましょう。宅地造成のメニューを実施するのであれば、台地の上に高級住宅街ができてもいい。そういう提案なのですね。

何がいいたいかと申しますと、たぶん二〇一一年の今現在において、小網代の干潟はもう守られるほかないのです。失敗しなければ、です。一番ばかばかしい失敗は、小網代の干潟を守れという、乱暴な政治運動を始めることです。始まればきっと失敗しますね。漁協もリビエラも、みんな引く。私が企業家だったとしても、引きますね。みんな引いて、守れるに決まっている干潟を壊し、折角守った小網代の森も、アカテガニのいないさびしい森にしてしまう。そういう愚かな道を、我々は選ばない。そのための体制を、いま固めておきたいと思います。具体的な目標設定は、まだ今の段階では無理なのですが、「小網代湿地のラムサール指定」という提言を、まずは掲げてゆきませんか。

小網代の干潟三ヘクタール。これから二、三年かけて、完全回復されるであろう、小網代の谷の下流の淡水湿地三ヘクタール強。さらにアマモの一杯茂る亜潮間帯。干潟の下の、岬と寺田倉庫の別荘をつないだ辺りは浅いので、ラムサール条約の指定条項に全部かなうはず。全体で一〇ヘクタール近くにはなると思うのです。これを、将来、ラムサール湿地にしてゆくことを、みんなの、ということは、私たちだけでなく、地域の、企業の、漁協の、三浦市や神奈川県の、共通の夢にしたいと思うのです。

環境省は、野生生物の保護区であることとか、いろいろな条件を付けて、ラムサール条約の指定湿地を、今は増やそうとしない状況かなと思われますが、国際常識としては、いずれどんどん指定する方がいいという時代になるに決まっている。やがて時代は変わると、私は私なりに読んでいて、すでに、そういう活動をすると、環境省にも資料を提供してあります。小網代の市民活動は、森の保全を達成し、これからは地域や企業とも連携して、小網代の干潟・湿地をラムサール湿地にする運動に向かいますと、ご挨拶してある。だから、小網代の森を守る会は、小網代の森と干潟を守る会に変わったと、みんなが思ってほしいのです。小網代の森と干潟を守る会が、地元や企業や、漁協とも連携しながら、ラムサール湿地指定を旗印として、小網代干潟の保全に向けて、穏やかで賑やかな活動を展開してゆく。それが、これからの守る会の仕事だと思っております。

重ねていいます。森の中で保全運動をする必要は、もうありません。森の中では調整会議のスタッフとして、粛々と湿地や水系や賑わう生きものたちのお世話をする、管理をする。土木作業をする、泥まみれになって仕事をするのです。終わっていないのは干潟なのです。干潟を守りましょうというのは、守る会がやってくれなければ誰がやるのか。法人である調整会議は前に出ず、動きやすい任意団体である、小網代の森と干潟を守る会として、干潟を活用した様々なイベント、観察会をやりながら、干潟を守るファンを、企業も地域も含めて、育ててゆきましょう。観察会の数を減らす必要はまったくない。毎月やってもいい。もう一回森に帰ろうではないのです。これからは、どんどん干潟でやろう。干潟でやれば、巡りめぐって、さらにアカテガニの森が守られてゆくからです。

◎支援会員

今日の三番目の話題は、神奈川トラスト運動の、支援会員についてです。調整会議は、年間四〇〇〇万から五〇〇〇万ないと管理作業ができないというお話はすでにしたとおりです。

でも、どうやって確保しましょう。いろいろな助成金を期待して頑張るだけでなく、かながわトラストみどり財団の新しい助成金に期待してゆくというのも、先程お話したとおりです。でも、その資金は、まだ二〇〇〇万円。どうするのでしょう。実は、その助成金は、私たちの努力次第で、増額してゆける、そういう新しい仕組みの助成金なのです。私たちが、企業に呼びかけて寄付をトラストに届けていただき、また、市民に呼びかけて、トラストの特別の会員になっていただければ、増額されていく仕組みになっているのです。

キーワードは、「トラスト緑地保全支援会員」。しっかり覚えてくださると、うれしいです。かながわトラストみどり財団は、トラスト会員を募集しています。みなさんすでに会員になっておられると思います。一九九〇年代前半、守る会は、この会員を、数年で四千人も増員することができたのです。かなが保全方針を知事が決めるにあたって大きな応援になったはずの大運動でした。その会員の制度に、今、新しい枠ができているのです。それが、「トラスト緑地保全支援会員」です。通常の会員は、大人の個人なら年会費は二千円ですが、支援会員は、それにプラス三千円、合計五千円を年会費とする会員です。その三千円分が、財団の指定するトラスト緑地においてしっかりした保全管理活動をすすめる団体に、助成金として提供される仕組みなのです。二〇一一年現在、この制度で指定されているトラスト緑地は、桜ヶ丘緑地、久田緑地、そして、小網代の森緑地の三カ所。トラスト緑地保全支援会員に登録する方は、支援先を特定することもできるので、小網代と指定して、支援会員になってくだされば、その方が毎年支払う会費のうちの三千円は、小網代の森に提供される、具体的には、小網代の森で、神奈川県と協働・連携し、覚書にもとづいて緑地の管理活動をすすめている、NPO法人小網代野外活動調整会議に、助成金として支給されることになるのですね。現在、小網代を通してトラスト緑地保全支援会員に登録してくださっている会員は、たぶん三百人台でしょうか。そのみなさんの会費を基本として、他の資金も工夫していただき、年、二〇〇万円規模の助成を、調整会議はうけているのです。

ということなのですから、我々の戦略は、はっきりしています。かながわトラストみどり財団に、できれば小網代支援を明示して寄付してくださる企業を、私たちの活動として増やしてゆくこと。そして小網代支援を明記してくださるトラスト緑地保全支援会員を、楽しい観察会や、イベント、さまざまな機会における声掛けで、増員してゆくことですね。現在のトラスト緑地保全支援会員三百人を、来年は四百人、再来年は五百人に増やすことです。一九九〇年から数年にわたって続けたトラスト会員増員活動を、新しいビジョンのもと、新しい形で、再来させるということです。そういう活動が、小網代の谷の自然を保全管理する調整会議のハードな仕事を支える資金の拡大につながってゆく。まことに画期的なシステムをかながわトラストみどり財団が動かし始めたと、私は考えているのです。

これは、日本のトラスト運動が初めて国際化していく道と、私は思っています。日本のトラスト運動は、特別なお金持ちが集中的な寄付をする、あるいは実態は行政で、行政がやるから、それに付き添って市民が少し名目的なお金を出す。そういう方式が主流だったのではないかと感じています。お金持ちがいなくなったらおしまいになります。行政に余裕がなければおしまいです。しかし、本来はそういうものではないはずなのです。みんな「ナショナルトラスト」を普通名詞と思っていますが、あれは、イギリスにただひとつある「ナショナルトラスト」という団体の固有名詞です。世界中のいろいろなところが、その名前を流用しているだけです。イギリスのナショナルトラスト運動は、世界に会員が三百万人から四百万人いて、一人五千円出すのです。私の知り合いも、会員で、督促が厳しい、あなたはまだ払っていません、いやだったら会員から外しますといって来る。ナショナルトラストの会員であることは、イギリスだけでなく世界の環境派市民にとっては名誉です。外されてはたまらないから、五千円払う。世界にそういう人が、三百万人、四百万人いるのです。小網代は、そろそろ、そういう関心のまととなる自然になっていい。そういう時代が始まったということなのですね。連携する企業に、応援してくださる市民に、トラスト緑地保全支援会員への応援をお願いしましょう。そうお願いして、よし、と同意していただけるような、しっかりした環境回復作業、調整作業、楽しい子どもイベントや、自然観察会を、どんどん企画し、実行してゆきましょう。私たちは、たぶん日本の都市の自然保護の領域で、新しい時代を始めているのです。

今私たちは、トラストとも連携して、すでに小網代応援を明記して、トラスト緑地保全支援会員になってくださっているみなさんに呼びかけて、特別の干潟観察会をスタートさせてゆく予定です。支援会員の輪に混ざってくださる可能性のあるお友だちも同伴で、楽しく、充実した、支援会員特注の贅沢な干潟の観察会を、これは調整会議が主催するほかないのですが、年に一回、二回やるつもり。来てくださった方には、応援団になってくださいと呼びかけて、さらに支援会員増員の工夫をしてゆきましょう。こういうときに、そういうのは不公平ではないかとか、是非、思わないでいただきたい。日本はお役所のロジックが優先するので、お金を出して苦労する人と、お金を出さない人を区別してはいけないという活動が多過ぎる。お金を出して、特別に支援してくれている人には、特別にありがとうといっていいのです。だから、さらにお金を出してくれる。それが自由社会の市民活動の原点でもあると、私は確信しています。社会的な公正を守りつつ、しかし企業とも組む、精一杯貢献してくれる人には、精一杯感謝するという運動をやりたい。もちろん、それだけではない。お金があってもなくても、大人も子どもも楽しく充実した自然観察ができていい。地域と、行政と、企業とも連携して、そんな観察会も、賑やかに実施してゆきましょう。それは是非、小網代の森と干潟を守る会の名前でやってゆきたい。保全管理の仕事を責任をもってすすめるための資金を、稼ぐ必要がない守る会が、定例的に主催してくださるのが、とっても分かりやすいからです。講師で私が行けるなら喜んで行く。調整会議と守る会の使い分けです。

◎新しい連携

小網代の保全管理活動を推進するにあたって、新しい連携が絡んで来ます。企業との連携です。これは調整会議に任せてください。行政との連携は、守る会と調整会議の連携プレーです。市民団体との連携は、新しい枠組が必要です。かつて「小網代野外活動連携ネットワーク」というのが存在しました。でも、七月二日に総会を開いて解散しました。野外活動連携ネットワークは、小網代の森で独自の自然散策活動をする会の連携で、小網代の森は、当面の整備の期間、独自の観察会はできなくなったから、解散するほかないのです。解散して、「市民小網代ボランティアネットワーク」を立ち上げました。このネットワークには、守る会も、鶴見川源流ネットワークも、慶應の日吉丸の会も、NPO鶴見川流域ネットワーキングも、横浜自然観察の森友の会も参加してくださるでしょう。ただしこれは、市民小網代ボランティアだから、散策をする会ではなくて、調整会議の管理作業を応援する組織です。調整会議の管理作業を応援して、本当にお金がなくなったら、ただで土木作業をする!!! あるいは、調整会議が守る会と一緒に、大規模なゴミ掃除を干潟でやるとして、それに無償で参加してくれる団体という位置付けです。

もっと大きな課題が、地元との連携です。小網代の漁協、町内会、その他を含めて、地元とどう連携してゆくか。政治や宗教やいろいろな都合を乗り越えて、約束とマナーに従ってやるのならだれでも一緒にやりましょうといえるような枠をつくらないと、先に行けない。これについては、「こども小網代ボランティア」という、子どもボランティア組織を立ち上げると、すでに、三浦市と調整に入っています。トラストはもちろん応援してくれるでしょう。一部、企業にも、地元にも、漁協にも声掛けを始めています。調整会議の事業として実施するか、別のネットワークとして調整会議が事務局になるか、まだ、そこは詰めていません。十月十五日に第一回を実行することで三浦市と調整していますので、そんなにのんびりできないのですが、それまでには、例えば、リビエラも漁協も、京浜急行にもマリンパークにも、是非、混ざってもらいたい。可能ならば、地元の町内会にも混ざってもらいたいと思っています。そのお世話は、調整会議の帽子を被った、今ここにいる皆さんにしていただくしかないです。これがうまく動くと、地元だけではなくて、遠くから来る子どもたちも、小網代にゆくと、ちょっとゴミ拾いをすると誉めてもらえて、楽しい自然観察ができるという噂が広がると思います。そこに子どもと一緒に来てくれる、お父さん、お母さん、おじいちゃん、おばあちゃん……。そういう理解者、応援者を、さらに支援会員にしてゆきたいと思います。そして、その支援会員の皆さんから、さらに応援団を募ってゆけますように。

新しい連携の要は、「こども小網代ボランティア（ココボラ）」と「市民小網代ボランティア（シコボラ）」。ココボラ、シコボラをみんなで応援して、調整会議と守る会で、やってもらいたいです。それが迅速にうまくできれば、穏やかに干潟の保全はすすみ、南の谷の開発は自然を破壊しない、小網代流域にも、企業にも、地域にも大変喜ばしい新しい開発になり、海の保全にもつながってゆく。リビエラリゾートのヨットハーバーの辺りには極楽のような海産生物たちの多様性の世界があります。あの海も含めて、小網代というのは、正真正銘、森と干潟と海を全部つなげて、全国ブランドのエコリゾートになってゆき、五十年、百年かかるかもしれないけれども、アジアの海辺の国際エコリゾートになると、私は思っているのです。たぶん、もうその道はつくれているのだから、やり切ればいいだけです。ふらふらしない。元に戻らない。頑張ってゆきたいと思っています。

第Ⅱ部

保全活動ことはじめ

木に登るアカテガニ

小網代保全の活動が産声をあげたのは、1983 年夏。その活動を応援して私が初めて小網代探索に入ったのは 1984 年秋のことでした。翌年、小網代の開発計画が公表され、甲論乙駁の小網代保全論議がはじまりました。もちろん当時、小網代の谷の全面保全が可能だなどといえば、たぶん正気を疑われたはず。そんな時代の喧騒のなかで、小網代の森を守る会、小網代野外活動調整会議につながる草の根の活動はしずかにスタートしたのでした。もはや、小網代保全活動の神話時代とでもいうほかないその時代の、小網代を包む喜怒哀楽や、希望を記す文書として、1987 年秋祈るような気持ちで出版した『いのちあつまれ小網代』（木魂社）のあとがき、1991 年第 2 版あとがき、1994 年第 3 版あとがきを、転載させていただきました。大きな諦めと、同じくらい大きな希望に発した活動が、1994 年春、久野三浦市長、そして長洲・神奈川県知事による、ゴルフ場開発断念声明にいたる経緯が、たぶんしっかり活写されているはず。もうひとつ、1989 年夏、岩波書店から出版された『ナチュラリスト入門・夏』に収録された私の小さなエッセイ、「アカテガニの暮らす谷」も再録させていただきました。小網代は、谷と、干潟と、小網代湾が繋がった、水系生態系と、叫び上げたエッセイです。1991 年、小網代保全の件で初めてお目にかかった長洲県知事が、「岩波の冊子、読みましたよ」といわれたときの感動を、今もありありと思い出します。

アカテガニの暮らす谷

「この世にカニはいないって、知ってるかい」

「うそだよ、ちゃんといるじゃないか」

「たとえば？」

「エート、ほら、うちのそばの鶴見川源流のサワガニとか、ダンスをするチゴガニとか、オサガニとか、ベンケイガニとか、アミメキンセンガニとか、それから、そうだ、こ・あ・じ・ろ・の・ア・カ・テ・ガ・ニ！」

「よく知ってるね、でも〝カニ〟はひとつもいないんだ」

「？？」

「ガニ・ガニ・ガニ・ガニ、みんなガニ。この世にいるのは〝ガニ〟なんだゾ」

「そうか！　ミツバチやコガタスズメバチはいるけど、〝ハチ〟はいないし、ジョロウグモやトタテグモはいるけど、〝クモ〟はいないんだ……」

「アーッ、ハハーッ」

子供たちとおおわらい。さて、夏の話題は、こ・あ・じ・ろ・の・ア・カ・テ・ガ・ニである。

◎山道をはいまわるカニ

こあじろは漢字できちんと書けば、小網代。横浜から京浜急行で南に約一時間下り、三崎口駅から徒歩で二十分。そこは三浦半島の先端に近い静かな海辺の一帯である。首都圏にくわしい人には、あるいは油壺がいい手掛りかもしれない。大きな水族館や、東大の臨海実験所のあるのが油壺。これに隣接して北側に広がる谷と干潟と海を、ナチュラリスト仲間はまとめて、こ・あ・じ・ろ、と呼んでいる。

その谷に、たくさんのアカテガニたちが暮らしている。夏の大潮の晩、そのアカテガニたちが見事なドラマをくりひろげる。

相模湾に向かって東から西に走る小網代の谷は、面積約一〇〇ヘクタールばかり。長さ一・二キロほどの小河川「浦の川」の流域だ。尾根と斜面は一面の森林で、谷底はハンノキやヤナギ林も育つ湿原である。盛夏の谷にはアシ・オギ・ガマが生い茂り、湿原の小道では金色に輝く大きなコガネグモたちが巣網をはって、水系の虫たちをまちぶせしている。慣れたナチュラリストでも、湿地に足を取られたり、スズメバチやマムシを警戒しているうちに、道に迷ったりするほど、うっそうと茂る海辺の谷だ。

この谷の真夏の午後、湿原でも山道でも、そして山の急斜面でも、耳をこらせばカサコソしきりに物音が聞こえる。立ち止まると、足元に歩き出てくるのは、たぶん青黒い地に黄色や赤の模様、あざやかな赤いツメの目立つアカテガニたちだ。カニは水辺に暮らすものと思っていた人は、この光景に仰天する。乾燥しきった真夏の山道を、カニたちがせっせと歩きまわるのだから。

アカテガニは海辺の谷や畑や水田に、昔はいくらでもいた陸のカニだ。湿原を歩き、山を走り、木に登り、尾根のてっぺんの畑のへりだってすみ場所である。斜面の土のトンネルで冬を越し、初夏の日差しで本格的に活動をはじめてから、ミミズを捕え、ケムシをかじり、ぐんぐん栄養をつけて真夏をまちわびていたのである。

さて、足元のアカテガニたちはどこへ行くのだろう。アシの茂みに消えるもの、斜面を登るもの、下るもの、岩のわれ目に潜んでしまうもの、ヤナギに登って休むものと行き先はさまざまだが、よく見れば、多くの個体は潮風の吹いて来る方向に、つまり海の方に、進んでいる。

◎さまざまなガニ・ガニ・ガニ……

小網代の中央の谷は、下手がゆったりしたオギとアシの湿原で、そのさらに下手には南北の岬に囲まれて、河口域の干潟が広がる。干潟の午後、ちょうど大潮の引き潮だ。浦の川が運んできた淡水は、幾本かの細流に分かれて干潟を下る。周囲は一面の泥浜。しゃがみこんで、干潟の表面を見渡すと、泥の表面にうごめくものが無数にある。眼をこらせば、どれも、ガニ・ガニ・ガニ、いや、カニ、カニ、カニ。干潟一面でカニたちが活動しているのがわかる。

干潟の上部、アイアシの沼沢の広がる付近のやや乾いた泥地には、甲羅の幅一センチほどのおにぎり型のカニが群れ、泥を摘んでは口に運び、口の上で泥団子にしてつぎつぎに棄てている。あたり一面に、その団子が敷き詰められている。だれがつけたかコメツキガニ。ときどきハサミを振り上げて、体操のようなしぐさも見せる。

体操といえば、コメツキガニの集団のやや下手あたりには、白いハサミをせわしく上下に振りつづける別のカニ、チゴガニの大集団がある。ハサミの上下運動を数えてみれば、毎分二十回から三十回くらいの忙しさ。餌を食べる余裕もない。しかし、よく見ればハサミを振らないやや小型の個体がいる。じつはこれが雌なのだ。ハサミを振るのは雄たちで、自分の小さな穴に雌を誘おうと必死のダンスなのである。雌が巣穴にちかづけば、ばんざいの姿勢。振り上げたハサミをおろさず差し上げたままでコチコチになってしまう雄がいて、同情を呼ぶ。

目を転じて、まだわずかに水の残る干潟の表面を見渡せば、長い目を潜望鏡のように伸ばして素早く横ばしりするヤマトオサガニやオサガニたち。向こうの石の下にはケフサイソガニの集団が集まり、あの浅瀬にはマメコブシガニのペアがかくれ、こちらの柔らかい泥地にはきっとタイワンガザミが潜っているはず。

そうだ、いま下りてきた谷のへりの沼沢は、アシハラガニの大群でザワザワしているにちがいない。いそいで横切ってしまえば五分とかからない干潟だが、こうしてすわりこんで、生きもののリズムに合わせれば、じつはそこがカニたちの楽園なのだと見えてくる。

丹念に調べれば、この干潟の周辺だけで二十種を超えるカニたちが、そこそこにすみわけて暮らしている姿に出会えるのである。

◎満月の夜、波打ちぎわで

干潟の水ぎわに波紋ができ、午後の潮が上げはじめる。海水におおわれた泥の表面から有機物の塊がつぎつぎに浮かび上がり、それを食べにボラが殺到する。ヒメハゼの集団、そしてコトヒキの稚魚も走る。上げ潮の食事時間をまちわびていた魚たちだ。その魚をねらって、コバルトブルーの弾丸のようなカワセミも岸辺にやってくる。やがて夕日が湾口の向こうに落ちていく。立ち上がり、干潟のへりを急いで回って下手の岩場に出ると、とつぜんカニの大群が待ち受けているのだ。午後、山から下りてきた、アカテガニの集団である。

小網代の谷と干潟、さらにその下手をあわせれば、少なくとも二十五種のカニが暮らしている。そのうち、水辺から離れた山道でも見つかるのはサワガニ、ベンケイガニ、クロベンケイガニ、ハマガニ、そしてアカテガニの五種。しかしサワガニを除くと、すべて幼生期は海で暮らす。山のカニも、幼生を海に放すため、海辺に下りてくるのである。小網代の山に、少なくとも数万は暮らすはずのアカテガニの雌たちは、夏の大潮の晩、山を下り、湾奥の干潟のへりに集まって、上げ潮にゾエア幼生をゆだねる。

夕暮時、満ち潮の波打ちぎわに集まっているのは、雌ガニたちだ。雌の背後の山ぎわ近くには、ひときわツメの大きな雄ガニが並び、雌たちがゾエアを放し終えてプロポーズに応じてくれるのを待ち受ける。雌はどの個体も腹部にはち切れるほどの卵を抱き、西の空をにらみながら、じわじわ水辺に進んでいく。そして夕日が落ち、西の空が急に暗くなると、それがまるで合図ででもあったかのように、雌たちがつぎつぎに海水に入りはじめる。脚でしっかり岩を抱き、数秒間、体を揺すると、おなかの卵が弾けてゾエア幼生があふれ出る。そのゾエアをねらってボラが集まり、浅瀬にはしきりに波紋が走る。

午後九時すぎ。大方の雌の放仔《ほうし》が終わるころ、浅瀬はゾエアで充満し、コップですくった海水の中には、懐中電灯の光に浮かびあがる多数のゾエアを確認できるだろう。

アカテガニが幼生を海に放した岸辺から、小網代湾はさらに一キロあまりにわたって奥深いリアスの湾を形成し、相模湾に開く。魚やエビが賑やかに暮らし、漁師さんはタコをとり、タイの養殖も行われているその湾は、小網代の谷や干潟のカニたちのゆりかごでもあった。アカテガニのゾエア幼生は、おそらく一カ月余りを湾で過ごし、やがてメガロパと呼ばれる幼生に変態して、夏の終わり、夕暮の時刻にふたたび干潟のへりに戻ってくる。そこで小さなアカテガニの姿に変身し、緑濃い小網代の谷へ帰るのである。

◎「見本・生態系」——谷と干潟と湾と生きものたち

アカテガニの暮らす小網代は、水系のモデルのような自然である。水源の林から、湿原を抜け、干潟を辿り、静かな内湾まで、まるで教科書の見本のような水辺の生態系が、子どもの足でも数時間で探索できる行程一・五キロほどの区間に展開する。こんな見事な水系が首都圏の真中近くにあること自体、じつに驚くべき奇跡といってよい。

しかも、この水系は、真実、生きものの賑わいに満ちる。いま小網代に出入りするナチュラリスト仲間のリストには、カニたちの他に、植物三五〇種、ハヤブサやオオタカやミサゴやフクロウなどの猛禽類を含む鳥六一種、川と干潟のハゼたちを中心とする魚五三種など、合計六七〇種を超える生きものの名前があがり、真面目に(?)調査を重ねれば、おそらく数倍の生きものがさほどの苦もなく発見されるはずなのだ。

小網代は、谷と干潟と小網代湾の三者が支えあって、賑やかな生きものたちの世界を創りあげている。山で暮らし、干潟のへりで生まれ、湾で育つアカテガニたちは、その小網代の豊かな自然を象徴している、というのが私の感想なのである。

◎リゾート開発はだれのため、なんのため?

小網代は首都圏の貴重な自然の空間として、大事に守られて当然の水系だろう。ナチュラリストなら、たぶんだれでもそう思う。しかし、この自然がじつはいま、消滅の危機にある。横浜から三〇キロ。リゾート基地にするには最適と、地域振興にかける地元の関係者の切実な期待がかかっている。海にはヨット、岸辺には豪華なホテル、谷にはテニスコートとゴルフ場。そんな一大リゾート開発が計画されているのである。

地元のナチュラリストや、それに私たちのように遠路からかよいつめるナチュラリスト・グループは、小網代の自然を支援して、この六年、さまざまな運動をつづけている。私のアカテガニも、もちろん論文作りの対象などではない。小網代を、ゴルフ場やマリーナに変貌させてはかわいそうではないか。

アカテガニの暮らす谷、小網代。谷が壊れれば、干潟は死滅し海も汚れる。アカテガニたちのゾエアはぶじに育てず、チゴガニやコメツキガニの群れ暮らす干潟を子どもたちが走りまわることも、小網代湾でカニやタコをとる漁師さんの暮らしも、消えてしまう。言ってしまえば、たった一〇〇ヘクタールの小網代の谷。アカテガニの暮らす谷として、きちんと保全できないはずは、ない。そんな思いが消えないのだ。

しかし、いま首都圏で、一〇〇ヘクタールの私有地を保全するには、途方もない資金がいる。小さな自治体では不可能だ。県や、国が本気にならなければ、いかんともしようがない。そして、県や国が動くかどうか、それを決めるのは、結局は、市民の意識や好みの問題なのだ。森と干潟と海が幸せに連接して生きものの賑わいを支える小網代か、ゴルフ場やマリーナか、はたして首都圏の市民はどちらが好きか、どちらが良いと考えるか、そしてどちらのために時間とお金を支出するか。

炭酸ガスの増加による地球の温暖化やフロンによるオゾン層の破壊、さらに森林の激減や原発問題など、いま私たちの産業文明は巨大な危機に直面しはじめているようだ。そんなさまざまな地球環境問題の議論のなかで、最後の判断を待っている小網代の谷からは、「いま本当に自然が大切なら、小網代を小さな自然公園にするくらい、じつに簡単なことではないのか」——そんな声が、私にははっきりと聞こえてくるような気がする。

もう一言、やはりガニの話だ。先日私の机の上に、一通の脅迫状が届いた。書面には、「おとうさんえ・つるみがわばかしまもてないでこわじろもまもて」(お父さんへ、鶴見川ばかり守ってないで小網代も守って)とある。末娘の筆(?)なのだ。二年前、彼女ははじめて小網代の干潟に連れて行かれて、あまりのカニの賑わいに、とうとう「カニ怖いーっ」の連発となり、一歩も歩いてくれなくなった。じつはその時、「ガニ」がでたのである。

「ここにいるのはカニじゃない。ほら、…ガニ、…ガニ、…ガニ。みんな〝ガニ〟だから怖くなんかないんだ」。娘はワハハと笑ってくれた。そしてその彼女が、こんな脅迫状を書いた。ガニたちに深謝。

さて秋の巻には、私の身近でこれも悲しい危機にある小さな自然、鶴見川の話をするつもり。

みなさん、よい夏を!

『いのちあつまれ小網代』初版　あとがき

一九八七年六月三十日

本書を手にして下さった皆さんにまず、御礼を申しあげます。小網代の自然にただただ浸って楽しんでしまっているナチュラリストの雑記が、読んで下さった皆さんに小網代の自然の可能性の一端でもお伝えできたなら、本当に望外の幸いです。見方によっては、暇で、あまり由緒も正しからぬナチュラリストの気楽な道楽と一蹴されて、なんの言い訳もできないしろものだからです。

この「あとがき」を書いている時点（一九八七年六月）で小網代の谷はまだ生き長らえています。この冊子の雑記は一九八六年夏で閉じましたが、ジョイフルナチュラリストの仲間たちはその後も小網代にしばしば足を運び、生きものたちの賑わいのシャワーを浴びる暮らしを送っています。この春は、早春に鈴野川を探検し、晩春の冷たい大雨の一日、そして大潮の晴天の日、河口の干潟で終日カニを追いかけ、入梅の晩は鈴野川の夜中にゲンジボタルの静かな飛翔を目撃してきました。来月の末の大潮の晩には、ポラーノ村の皆さんや地元の有志も参加して、河口のアイアシの原のあたりでヘイケボタルの乱舞とアカテガニの産卵に同席する会を開く予定です。いま、小網代の森や湿原は真夏の緑が生い茂り、ナチュラリストの進入もこばむ賑わいです。

小網代をゴルフ場／宅地開発から守り、賑わい暮らす生きものと人々の交感する谷として次代に申し送るにはどうしたらいいのか。私たちにどんなことができるのか。改めて考え込んでいます。たとえば行政当局が住宅地域の指定を外し、小網代を特別な保全地域に指定してくれるよう、働きかけることはできるだろうか。地元の事情にうとく、お節介なよそものでしかありえないかもしれない私たちには、安易に選べない道です。数百億円の資金が自由になればもちろん開発を実質的に凍結することができるかもしれません。最近の狂気の財テクブームを見ていると、なんだそんなことですむのか、という気もしてくるのですが、旅費の捻出にさえ苦労している私たちは、そんな資金に縁があるわけがない。小網代の谷の自然を守り育てる展望は、私たちの周囲ではいかにも暗いというほかありません。

しかし、私たちはこれからも小網代に入り続けるつもりです。そしてできれば、第二、第三の小網代報告も出してゆきたいと思っています。もしも小網代があっさりと消え去る運命なら、いまその賑わいを記録しておくのがゆきがかった者たちの仕事であろうと思われますし、また、盲亀の浮木のたとえのようなとんでもない幸運で、私たちの通信がしかるべき力と志をもった人々に出会い、「なんだそんなことか」と小網代の保全が叶ってしまわないともかぎらないからです。小網代の自然に最初に重大な関心を寄せ、人と自然の交流する開発を構想したのは「ポラーノ村を考える会」の藤田祐幸さんと村民の皆さんでした。もしもこの谷の自然が見事に守られるなら、村の開発構想も放棄するというのがポラーノ村の見解です。私はその原則に賛成し、ポラーノ村と協力して、なお希望を繋ぎたいと思います。

本書をこんな形でまとめるにあたっては、友人たちに特別の御世話になりました。角田さん、長沖さん、丸さん、綱島さん、菅野さん、大西さん、関谷さん、辻さん、ポラーノ村の村長藤田さん、そして木魂社の鈴木さん、レイアウトを担当して下さった遠藤さん、ありがとう。

生きものたちの賑わい暮らすべき谷として大切に守られる小網代の集水域と河口の干潟。北側のガンダの浜に降りる集水域には、自然の循環の中での暮らしを工夫しようとするポラーノ村の諸施設。白髭神社の周辺のしかるべき空間には、百人規模の生徒や学生や市民の宿泊できる文化教育センターのゆったりした建造物。折々たずねる人々は、センターや地元の民宿でくつろぎつつ、自然や人間を語り、新しい文化に触れ、さらに小網代川河口の自然研究センターを基点に小網代の谷の自然観察路を散策する。イギリス海岸からガンダの沢に向かえば、ポラーノ村の諸施設が自然と共存するさまざまな工夫のミニチュアや、見事な工芸品などもそろえて歓迎してくれる。春と秋の幸運な訪問者は、人と自然の共存を歌う小網代の大きな祭に参加することだってできる。いま私たちの夢想の中にゆめく未来の小網代はこんな配置に決まっています。

では、みなさん、さようなら。

いつか小網代でおめにかかれますように。

『いのちあつまれ小網代』第二版　あとがき

一九九一年四月八日

初版の出版から四年目。谷奥にキブシの花が輝きはじめる季節に、本魂社が重版を決めて下さいました。小さな訂正を除いて本文と写真は旧版のままですが、この「新しいあとがき」で、小網代のその後の四年の歴史と近況をお知らせすることができます。

地元の草の根の市民運動や、ポラーノ村、様々なナチュラリストたち、そしてジャーナリズムにも支えられて、小網代の自然は、なお生きのびています。ゴルフ場リゾート開発計画は残念ながらいまも進行中ですが、神奈川県の内部には小網代のゴルフ場開発は無理と悟り、むしろ小網代保全の可能性を検討する動きも見えてきました。盲亀は浮木のある海域を漂いはじめたのでしょうか。

四年間の最大の出来事はゴルフ場開発の是非を巡る応酬でした。ゴルフ場新設を十五年も凍結してきた神奈川県が、八八年、財政状況の苦しい三地域に限って特例的に新設を認める方向を出し、三浦市をその一候補としたのでした。暮れに解除の方針を知った私たちはゴルフ場開発に反対する緊急署名を開始しました。小網代から学ぶ会、ポラーノ村を考える会、地元地区労、そして様々なナチュラリスト集団は、二カ月ほどの間に四万人近い署名を集め、三浦市長と神奈川県知事に届けました。同時にナチュラリスト有志は具体的な調査に基づく小網代保全の要望を作成し、これも知事に届けました。八九年四月、神奈川県は予定どおり特例解除の方針を発表したのですが、その基本方針には「自然環境保全等の観点から特に保全を要する地域については立地を規制する」という一文が盛られ、小網代の破壊はむしろこれで以前より困難になった、と私たちは判断したのでした。関東で唯一、森と干潟と海が自然の状態で連接する貴重な海浜生態系、小網代を、「特に保全を要する地域ではない」と判定する無謀な専門家はいないはずだからです。

八九年からは、自然の世話をしながら保全の方向をさらに積極的にアピールする活動も始まりました。湾奥の干潟を縁取るアシ原には、レジャーボートの浮かぶ小網代湾入口から多量のゴミが漂着します。大人や子どもたちがワイワイ言いながら、それを回収し、宮前の峠まで運びあげる小網代ごみ掃除がその一つです。先日も四十人ほどで一八〇キロのゴミを集めました。もうひとつは、ナショナル・トラスト入会運動です。神奈川県には百億円に達する自然保護の基金があり、その基金と対応して、財団法人 みどりのまち・かながわ県民会議という組織があって会員を募集しているのです。私たちは、「小網代の森と干潟を守ってください」と一言書いてその会員になろう、と呼び掛けています。たぶん本書の重版されるころに、呼び掛けに応じて下さった参加者が千人を超えるはずです。県民会議への参加者が増えれば、小網代の谷の保全が簡単に叶うなどと楽観しているわけではもちろんありません。しかし、そんな形で志を具体的にしてゆく方向にしか、いま小網代の自然の未来はないと私たちは直観しています。

八八年から九〇年にかけて、各種のジャーナリズムが小網代の危機を全国にアピールして下さったことも、特記しておくべきことです。八八年七月には『ニュースステーション』が小網代のアカテガニの放仔を紹介し、九〇年十一月には、一年半におよぶ小網代取材をもとに、NHK『地球ファミリー』がアカテガニの暮らす小網代の四季を放映して下さいました。読売新聞、神奈川新聞、そしてたくさんの雑誌にも小網代の自然の貴重さが紹介されました。

九〇年は、神奈川県が小網代の自然に初めて積極的な姿勢をみせてくれた年でもありました。五月、定例記者会見の席上で長洲県知事から「小網代のゴルフ場開発を認めるのは難しい」という趣旨の発言があったと報じられました。八月には、折から横浜で開催されていた国際生態学会のエクスカーション（研究者たちの遠足）の一つが、小網代を訪ね、地元の市民代表も交えて小網代の自然の価値を語るシンポジウムも開催されました。主催者はいずれも神奈川県だったのです。この国際会議にはナチュラリスト支援団の岸・丸・入倉が「SAVE KOAJIRO」のタイトルで研究発表も行ない、さらに会場で小網代保全を支持するコメントも巣めることができました。力あるものはおごり、行政は心変わりしやすきものと、私も心得てはおりますが、知事発言に続く神奈川県の積極的な登場はまことにうれしい事態でした。

小網代保全運動が始まってすでに八年目に入りました。この間、小網代保全のために多くの人々が志をかけ、ときには大きな無理も重ねて活動を続けてきました。八九年春からは、私達の国でも地球環境問題が巨大な話題となり、ジャーナリズムも企業も行政もそしてさらには学校も、突如として環境フィーバーの様相です。しかし、現場で、地域で、特定の政治集団の支援なしに自然保護活動を続ける市民の苦労が、これで緩和される気配はありません。小網代保全の運動を最初に賢起し、育て続けたポラーノ村の活動は、いま地元の市民やナチュラリストたちの活動に大きく引き継がれています。八八年から八九年にかけて署名運動や小網代の森の探索会に全力を注いだ「小網代から学ぶ会」の活動は、昨年の夏以来、浜掃除やトラスト支援運動を中心とする「小網代の森を守る会」の活動に引き継がれました。そして私たちを含む様々なナチュラリスト集団も、地元の市民運動を支援して微力をつくし、なお小網代の谷に通いつづけています。ゴルフ場開発こそ回避してはきたものの、森の各所で小さな伐採が続き、河口の淵に大ウナギの姿はなく、湾奥の汚染も目立ちはじめた小網代では、生きものたちの輝きも苦労を深めています。しかし前回にもまして、希望は失わないことにしたい。このたびは神奈川県の志に大きな期待をよせることだって、許されるにちがいないからです。

ポラーノ村の村長に誘われて始まった私の小網代通いも七年目です。この期間、特に八七年からの四年間は、すっかり生意気になった子どもたちや、白髪の増えた私の頭や、亡くなった恩師や、親戚や、母のことなどを思い返すと、私にとっても決して短くはなかったように思われます。八八年からは、小網代と尾根伝いに繋がる町田市の多摩丘陵奥の自宅周辺の森や源流の保全を目指して、こちらでも市民運動に参加しはじめ、小網代の浜掃除に町田のナチュラリストたちもかけつけるようになりました。関東山地と太平洋を繋いで首都圏を貫く縁の回廊、多摩三浦丘陵のあたりで、これからまた素敵なことが始められるでしょうか。

新しいあとがきは、私たちナチュラリストグループの活動をこの間に支援して下さった全ての皆さんへのお礼で締め括ります。「小網代から学ぶ会」を支えてきた三浦のナチュラリスト武田健さん、「小網代の森を守る会」の代表・山田恵子さん、地元と私たちナチュラリスト集団を繋ぐ大変な仕事を続けておられる小網代のスーパー・ナチュラリスト宮本美織さんには、特に大きなお礼を申し上げなければなりません。そしてついでに病院のベッドの枕許の小箱に本書をひそませて逝った母にも、遅ればせのお礼を記しておくことにします。

みなさん、本当にありがとう。

『いのちあつまれ小網代』第三版　あとがき

一九九四年十月二十四日

小網代の秋は、湾奥の浅瀬すみわたり、メジロの群れの渡る森にドングリの雨が降り、アカトンボ群飛し、湿原の葦の穂に小さなハナムグリたちが訪れます。一九九四年。多くの人々の力に支えられ、小網代の谷はなお壊れず、生きものたちの賑わいを支え続けてまた一年を重ねようとしています。

今年、日本列島は辛い暑さの夏でした。小網代も酷暑が続き、きびしい乾燥にみまわれました。しかし私たちの心配をよそに生きものたちはめげず、谷の主役になったアカテガニたちも、例年に劣らず賑やかな産卵の夏を送り、私たちを安心させてくれました。

自然を気遣う人々の活動もますます活発でした。なかでも本当に頑張ったのは、カニパト（カニパトロールの略）です。様々な報道で有名になったおかげで、夏の小網代は、アカテガニの産卵を見に訪れる人々が増えました。そんな訪問者の皆さんに、森や海辺のマナーをアドバイスする、アカテガニの産卵活動への攪乱を抑える工夫に協力してもらう、そして小網代支援も訴えようという主旨で、「小網代の森を守る会」が数年まえから企画・実行しているプログラムです。

カニパト期間はアカテガニが産卵する七月から九月上旬。二週間おきの大潮のリズムに合わせ、大潮当日を合む前後数日間、スタッフたちは夕暮れの湾奥のアカテガニの産卵域にあつまり、カニたちの産卵に付添いました。大方の母ガニたちが上げ潮にゾエアを放し終えるまで現場にとどまり、訪問者の案内や整理にあたるのです。今年の夏のカニパトスタッフは延べ七十人。アドバイスに耳を貸して下さらない少々乱暴な訪問者もいて楽しさばかりではない日々でしたが、活動を通し、小網代の自然を気遣う文化のようなものが確実に育ちつつあるという実感がしっかり伝わってくる嬉しさがありました。大上段に構えた論議も必要です。しかし、こんなボランティア活動に誠実に参加して下さる人々が着実に増えていることこそ、小網代の森の希望と、私達は感じています。

みどりのまち・かながわ県民会議（神奈川県のトラスト組織）を応援するために、「守る会」が呼びかけた「アカテガニ募金」も、順調でした。ナチュラリストたちが撮影した小網代の素敵な生きものたちを写真ハガキにして頒布し、その売上を中心に、募金を募ったものです。アカテガニが産卵する小網代の夏は、カニパトと、アカテガニ募金。そんな配置が、小網代保全活動の定例的な軸になりそうです。

さて今年、谷を巡るもっとも重要な出来事は、長洲一二・神奈川県知事が、いよいよ小網代保全の方針を明示してくださったことでしょう。六月定例県議会の席上、地元出身の吉田実県議の質問にこたえ、小網代の森は県の自然としては最高部類に属すものであり、各種の行政手法を組み合わせて保全したいと、明確に方向を示してくださった。小網代通いを続けてきたたくさんの小網代ファンたちが、何年も、何年も、ずっと期待しつづけてきた、待望の発言です。もちろん、なお紆余曲折も予想され、楽観の許される状況ではとうていないのですが、保全のための具体的な交渉や作業が、いよいよ本格的な段階に入ったのは確実です。知事の発言が、まっすぐに活かされ、県、市、企業、地権者、市民の連携で、小網代の森の、思いきり贅沢な保全の枠組みが見事に合意される日を、なお辛抱強くまちたいと思います。

保全活動を進める市民の歴史にも、今年は大きなできごとが二つありました。一つは、一九八三年に小網代保全運動をスタートさせ、その後の様々な活動の基盤をつくった「ポラーノ村」が、五月二十二日、森で最後の静かな春祭りを開催して独自活動を締めくくり、活動の歴史を「小網代の森を守る会」に引き継いだことです。ポラーノ村の「宝物」の一つに、むかし、関谷真一さんが作成した小網代の地形の見事な立体模型がありました。春祭りの日、その模型は守る会の代表・山本紀子さんに手渡され、後日、みどりのまち・かながわ県民会議主催の八月のトラストパネル展（横浜）の小網代コーナーを飾ることになりました。ポラーノ村の活動は、小網代保全運動の、いわば神話時代のようなものでした。その時代をポラーノ村の仲間たちと過ごし、なお「小網代の森を守る会」とともに小網代に通いつづけることができる私にとって、ことしの春はまことに感慨深い節目となりました。

もう一つは、この夏（七月二十四日）、守る会の若手スタッフたちが、『三浦半島・小網代を歩く／夏の自然観察ガイド』という美しい冊子を出版したことです。若手スタッフたちは、昨年、神奈川県・生活クラブ生協の若者支援基金「キララ賞」を受賞しました。その賞金を元に、素晴らしい写真と自然紹介文で構成する冊子を作ってくださった。冊子は大変な好評で、多くの人々に改めて小網代の自然の豊かさや魅力を伝える仕事を果しています。小網代保全の歴史に新しい世代の物語りがはじまる。

これもまた、本当に嬉しいできごとです。

そんな一連の動きの中で、私たちはさらに保全の基本イメージを鮮明にして、神奈川県に提案しています。小網代は、中心に位置する「中央の谷」、その南の白髭神社脇の「南の谷」、そして三崎口方面に広がる台地を刻む「北の谷＝ガンダの谷」の三つの谷で構成されています。「中央の谷」は、「完結した自然状態の希有な集水域生態系」を構成する小網代の中枢部分。「南の谷」は小さな小川をはぐくみ、その流れが、谷下のアマモの大群落を支えています。そして「ガンダ」は、将来市街化の予想される三戸の台地と、小網代中央の谷の中間にあって重要な緩衝地帯となるべき谷といっていい。

守る会の提案のポイントは、その「中央の谷」全域を保全地域とし、ガンダには新しく開かれる街と小網代の自然をつなぐ緩衝域を工夫し、さらに「南の谷」には、水系を破壊せず、かつ油壺方面の自然・観光ゾーンと小網代中央の谷をつなぐ「宿泊型の教育・リゾート基地」のようなものを工夫してほしいというものです。地元、企業、行政、そして教育関係者の間に私達のヴィジョンが丁寧に理解されれば、きっと実現の道がある。私達は、そう信じています。

十一月の小網代の谷は、そろそろカニたちの賑わいもひと休み。アカテガニたちは、森の斜面のトンネルや、朽ち木のうろや、落葉の下に隠れ、冬眠の準備に入ります。この夏、小網代の干潟で生まれたアカテガニの幼生たちも、すでに海を離れて子ガニとなり、ひんやり静かな小網代の森にもどって、もう温かい森の土に包まれているはず。

その秋に、ナチュラリスト仲間の支援で第三刷を印刷できることになりました。そろそろ新しい小網代物語が、別の著者たちの手で記されていい時期なのに、あえて、小網代保全活動の前史を記す本書を増刷する段取りを立てて下さったのは、小網代の自然の四季に染まってしまったカニパト仲間の宮本美織さん。印刷が上がるころ私の小網代通いは満十年。そんな時期の増刷を、本当によろこんでいます。ありがとう。

小網代の森のアカテガニたちが、冬眠からさめるのは来年の春、五月です。新緑の風にのって、谷に、優しいニュースが届くような気がします。

第Ⅲ部

養老孟司さんとの対話

■自然との付き合い方教えます!!■

新緑の小網代にて

2011年12月4日、慶應大学で行われた鼎談の記録を、同財団発行の冊子「みどり」84号から転載させていただきました。鼎談者は、鎌倉滑川で遊びそだち小網代を含む三浦半島の自然も応援する養老孟司さん、鶴見川流域育ちNPO小網代野外活動調整会議代表理事の岸由二、司会役で同会議理事でもある柳瀬博一さん。小網代を応援するナチュラリストたちが幼少時どのような自然体験をしてきたか、足元の自然についてどんな意見をもっているか、軽快に読んでほしいエッセーです。閑話休題ですね。

柳瀬　まずは、養老さんと岸さん、お二人の子供の頃の自然とのかかわり方をうかがいたいのですが。

養老　僕はもともと鎌倉で生まれ育って、子供の頃は市内を流れる滑川《なめかわ》という川で魚やカニを、空地で虫を採っていましたね。今でも覚えていますが初めて昆虫の標本を作ったのが小学校四年生のときです。最近古い標本を整理していたら、一番古いのが中学生時代に採集した一九五〇年から五一年にかけてのものでした。

小学校の頃は終戦後で物がないので虫の標本作りも苦労しました。専用の昆虫針なんかないですから、留め針で代用するんだけどすぐに錆てしまう。コルクをひいた立派な標本箱もありませんから、お袋が医者でしたので薬瓶のコルク栓をもらってきて、それをカミソリで薄く切って、空き箱に糊で貼って、そこに標本を刺していました。箱もちゃんとしていなくて、標本を食べる虫がついたら、あっという間にアウト。さすがに中学校の頃になると、ちゃんとした箱を買ってもらったようで当時の標本が手元に残っているんです。

中学から高校にかけては、地元の神奈川県内をぐるぐる回って虫採りをしていました。よく行ったのが丹沢大山や箱根。いま、箱根に別荘をつくってそこに標本を全部置いています。箱根はいまでも周囲の自然環境が多様で、ちょこちょこ出かけては虫採りをしています。五十年たって中学生時代の生活に戻ってしまった（笑）。

岸　僕は横浜の鶴見で育ちました。ご存じのように大変な公害の町でしたが一九五〇年代の半ばというのは、鶴見川を西にこえて丘陵地にでれば昔話によく出てくるような田園地帯でした。町のど真ん中に住んでいましたが、總持寺《そうじじ》の丘陵地から獅子ヶ谷方向に数キロ歩けば谷戸《やと》だらけで、虫や魚を捕ったりして遊ぶことができたんですね。少し足が達者になると八キロ、九キロ離れた綱島まで出て、早渕川と鶴見川の合流点の極楽のような所で、朝から日が暮れるまで魚捕りをやっていました。

柳瀬　お二人が少年期に親しんだフィールドで重なるのが三浦半島のあたりとうかがっていますが、養老さん、一九五〇年代の三浦半島はどんなところでしたか？

養老　私は栄光学園（現在は鎌倉市玉縄。旧田浦校地は現在、自衛艦隊司令部）に通っていたのですが、長浦港の脇に校舎があって、ＪＲ田浦の駅で降りてから国道を通ってながながと三十分かかった。幹線道路でトラックなどもよく通る道端でしたがいろんな草が生えていて、例えばアザミだとカメノコハムシが二種類ちゃんとついている。足元ではゴミムシダマシとかが這っている。わざわざ山へ登らなくても虫の多いところでしたね。

栄光学園の校舎があったのは旧海軍工廠の跡地で、広いグランドには建物を壊した跡が残ったりして、秋ごろには草ぼうぼうになるので、生徒みんなで草むしりをやらされました。すると、大きなエゾカタビロオサムシがぼこぼこ出てくるものですから、それをみんな僕にくれるわけです。あいつは虫を集めているからって。この虫は草地がないとダメで、草地で蝶や蛾の幼虫とかを食べているのですが、そういう草原性の虫がいっぱいいた。

柳瀬　この五十年ずっと神奈川の自然を見てきて、どう変わりました？

養老　おそらくみなさんはもう覚えていないと思いますけど、鎌倉だったら、一九五〇年代の鶴岡八幡宮の裏山って、すかすかの松林だった。

それが今は常緑広葉樹にびっしり覆われたいわゆる鎮守の森。他の多くのところも、すかすかだったところが深い森に変わっています。

岸　明治開国のころの写真がよく残っていますが、山っていうのはみんなすかすかですよね。

昔話なんかでよくいわれますが、おじいさんは山へ木を伐りに行くのではなく、柴を刈りに行くのです。薪にしたり炭にしたりするから柴しかなかった。柴がしょぼしょぼ生えているだけで、でかい木はそもそも無かったわけです。

それがたかだか五十年くらいでこんなになってしまった。一九六〇年前後の燃料革命で薪や炭が使われず、雑木林の伐採・管理が止まったからですね。

養老　江戸末期の箱根湯本の写真が残っていますが、いまより全然開けている。

当時、東海道の宿場で、たくさんの旅人が泊まりますから、煮たきが大変だったでしょう。燃料はもちろん全部木材です。家を建てるのも木材ですし、江戸後期の社会は、エネルギーの全てを木材だけに頼っていた。

山の木々は常に切り倒され続けて、日本列島はぎりぎりでやっていたわけです。人口も増えていません。それが明治の開国から途端にばーんと増える。開国がいかに経済的に見て我が国に有利であったかがよく分かる。

いろんなことが言われますが人口増加のスピードをみる限り、生物学的にものすごい速度で増えた。なぜそんなことができたのかって考えると、やはりエネルギー革命があったからですね。木材から、石炭、そして石油への。

柳瀬　今日は鎌倉の養老さんのご自宅から一緒に車でここ横浜の日吉まで来ましたが、三浦半島の付け根から多摩丘陵の背骨にあたる横浜横須賀道路を走ってきました。その両脇はうっそうとした森が続きます。昔はどんなところだったのでしょうか？

岸　僕は横須賀の武山《たけやま》とかよく行きましたけど、タブの単純林以外の森はすかすかだった記憶ですね。現在は手が入らず、伐採とか枝おろしとか出来ないまま最低限の管理で、開発しなかった不動産として残ったということです。

今は原生林かと勘違いされそうな森が広がっていますが、つい数十年前までうっそうとした森じゃなかった。これが逆説で、じつはそのすかすかの森に、オオムラサキやクワガタなんかいて、ゴマダラチョウなんか手でつかめちゃうくらいいたのです。

生息場所の多様な森

柳瀬　養老さんが昆虫を採る森や林も、もっぱら落葉樹が多いところですよね。

養老　もちろんそうです。

いわゆる常緑樹林の中に入っちゃうと虫は採れません。熱帯雨林のジャングルと同じ。ジャングルの中に入るとわかりますが、真っ暗なジャングルの林《りん》床《しょう》部はいわゆる「地下」と同じですよ。日の当たるのは樹冠のみ。

そこでは花が咲き、虫が棲む。だから鳥だろうが蛇だろうが皆木の上にいる。ジャングルで地面を歩いているのは、地下を歩いているって理解をすればいい。

岸　僕が大学一年の時に読んだものに『The Forest and The Sea』っていう日本語にはなってない本があって、まさに養老さんの今のお話が書いてあってね。熱帯林の林床というのは、いわば海です。森にいるシロアリはプランクトンだと書いてある。賑やかな生きものは全部カノピー（天蓋）にいると。本当にその通りですよね。

フィリピンの熱帯林の研究でどんどん明らかになってきているようですが熱帯だけじゃなく、この近辺だって虫の多くはてっぺんにいる。

笑話だけど、僕は町田の団地に住んでいますが、オオムラサキはいなくなったって嘆いていたら、知り合いが五階に住んでいて「下のエノキとかにオオムラサキがよく来ますよ」って。みんな下から探して見ているけど、高いところの枝先に、蜜が出る所がいっぱいあってそこに来ている。

タマムシもそうで、ぶんぶん飛び回っているけど下から見えないから、タマムシは全滅したって思われてしまう。

養老　昔の日本人も同じですよ。

縄文時代の遺跡って北日本や東日本に多くて西日本に少ない。それは西日本の林が照葉樹林中心で真っ暗だったからです。つまり、生きものがあまりいない。

四千年前の森の痕跡が島根県の三瓶《さんべ》で発見されました。三瓶山が噴火した時に火砕流が森を埋めました。田んぼから木のてっぺんが出ていて、掘りこんでみたら、昔の森が出てきた。今そのまま展示されています。縄文時代から火砕流で埋まったまま。樹脂の残っている巨大なスギやカシが埋没していた。

それを見学した後に、建築家の藤森照信さんに「大きな木ばっかり残っていたから、縄文時代はもしかすると巨木を信仰し大事にしていたのかな」と話したら、「違います。冗談じゃないですよ。石斧であんな巨木は伐れません」って言われた。あ、その通りだ、伐れないから残っていたんだなって。

柳瀬　そのままの自然の状態にある常緑の森が、人間だけじゃなく他の生きものにとっても暮らしにくいのはなぜでしょうか。

岸　基本的に生物多様性というのは生息環境の多様性に対応しています。多様な木が育てば木に依存する虫もいっぱいいる。山でも草原があって、落葉な所があって、常緑な所があるように、パッチ状になっているような所に生きものがそれぞれいる。

それなのに人間というものは必然的に或いはよかれと保護し、自然を単純化してきた。またお金になるからと戦後いっせいに杉の木を植えちゃって、今では処置に困っている。

柳瀬　みなさんが考えている豊かな自然への認識が実際には、採集者としてよく知るお二人から見るとどうも違うぞということがあるようですが。

養老　たしかに。でも一般のイメージを無理して是正しようとしてもすぐには変わらないと思います。日本の自然に関して、私が将来的に心配しているのは、石油が切れたときです。ただ、石油が切れる場合のことが直接心配なのではなく、石油が切れたときみなさんがどう動くのかが心配なのです。つまり、石油文明の現代、放置されてこれだけ大きくなった日本の森をあっという間に切ってしまうのではないでしょうか。

そこで「日本に健全な森を残す」委員会を作りました。石油切れになった時に滅茶苦茶な伐採をしないように、今から持続可能な森林の管理を考えて行こうというものです。日本の森は長いこと放ってておかれて、管理もできない状況になっていますのでそこをまずきちんとしていく。

森林管理に関してどうしても理解いただきたいのは、農業と同じように計画的に植えて収穫するサイクルをつくる必要があるということです。そうしないと林業は成り立ちません。世界中で林業がしっかり成り立っているところはヨーロッパ、アメリカ、カナダと先進国ばかりです。持続可能な林業は、きわめて先進的な産業なのです。

一方、アジアなど新興国で盛んな林業は、天然林を伐ってその材を売っていることです。これでは続かない。森林がどんどん禿げ山になる。持続可能ではない林業ですね。

かつての日本もそうでした。ヒノキが典型です。天然の大きくて良いヒノキを全部切り尽くしてしまった。今はほとんどありません。それで業者がどこに行ったか。台湾です。けれども切りすぎて台湾ヒノキは伐採禁止になりました。禁止になる前に伐った木の貯蔵庫を見に行った人が関係者に聞いたら、「伐った台湾ヒノキの行先は全部決まっています」と言われた。どこに行くのかって聞くと「全部日本のお寺です」（笑）。それで、台湾の業者はどこに行ったと思います？　ラオスに行った。

柳瀬　ラオスといえば、養老さんがよく虫採りに行かれていますよね。

養老　そうです。ラオスの山奥まで台湾の業者が軍と協力して道路を通した。かくしてラオスのヒノキが伐り終わりました。皮肉な話で、その道路を僕らが虫採りに使っている。

岸　ウィリアム・ローガンという人が『どんぐりと文明』って本を書いています。その中にヨーロッパの数千年前の雑木林の管理の話がでてくるのですが、雑木林の一本一本に名前をつけてね。この木は舟のキールに使えるとか、これは舟の梶にいいやと思いながら育てている。それでこの木は残して、これとこれは薪にするとかね。もう何千年も昔からそうやって手入れをする。今だって重要な建物を建てるために使うヒノキとか、そういう木を管理する商売の人が山の中にいる。木を伐る森林組合とも関係のないそういう仕事の人がいて、何百ヘクタールの山を知っている。本当にきめ細かく、年中伐採し活用しながら丁寧な森林文化を築いている。

養老　箱根の森もかなり放置されていますね。スギ林なんかやはり過植状態になっている。元来、間引くことを前提に植えているわけですが、どの木を残してどの木を伐るかって、判断出来る人がもはや現場にいない。

生態学の視点から

養老　考え方の問題として、十九世紀以降の植物学は、個々の木々の競争関係で自然を考えてきた部分があります。でも、競争だけではなく生きものを共生関係で考えていく側面が必要だと思います。

スギなどの人工林を見ていると、一本一本がまっすぐ独立に生えていているように見える。でも、自然にできた天然林って絶対にそうじゃない。隣りあった木同士が全部関係を持っている。結果としてある種の共生関係ができている。人間が勝手にへりの木を一本伐ると、当然のことですが次の木に影響する。鎌倉の私の自宅の裏の山で、隣の地主が裏側に生えている端の木を一本伐った。その冬に大雪が降ったとき、隣にあった木が枝折れして、うちの電線を切った。修理が終わるまで一日寒かった。しみじみ思いました。

そもそも独立した人間一人一人がいて、平等でそれぞれの意見があって投票して決めるのが社会って思っていません？　思ってなくてもそう教えられている気がする。でも、実はそうじゃなくて、お互い同士皆つながりあって暮らしているのですよ。

僕らが若い頃、村の人間関係が嫌だからって都会に出てくる人が多くいた。それで人間関係を何に置き換えたかっていうと、お金であり、保険です。だから今、六十代になった団塊の世代って、子供なんかに頼らないじいさんばあさんが多い。ただ、そのかわり福祉や年金とかの問題が出てきている。お金がつきるとおしまいの仕組みですね。生きものの世界への見方も、人間の世界での処方箋も、今世紀中には「共生関係」が見直され、再評価されていくと思っています。

岸　僕のそもそもの専門の一つは数学を使う生態学なのですが、そういう世界で生物の見方ってすごく変わってきていて、世の中は全部競争関係だって常識では思われてきたけど、むしろちょっと協力していこうっていうのが、どうやら生存に有利になることが多々ある。お互いの足を引っ張り合っていくことは、生物の世界では自滅ですよ。ここでは我を通さずにちょっと協力しておこうとか、ここはまぁ何をやるか分からないけど、ちょっとサービスしておこうというのが、むしろ様々な局面で進化に有利な特性なのです。

僕はドーキンスの『利己的な遺伝子』という本を翻訳した一人ですが、それを読んでいる人はほとんど利己主義が世界の正義だと勘違いをしてしまう。その理解は根本的に間違いですね。利己的な遺伝子はさまざまな場面で、協調的、互恵的、ときには利他的にふるまう個体を作り出す、というのが正解です。いろんな解説書もでて、ようやく妥当な理解がひろまりつつある。時間かかったけど。

養老　じゃあ、どうするか。それは農業や林業や、地べたをいじる人が増えた方がいい。徴兵ならぬ「徴農」とか「徴林」っていう人もいます。

農業や林業に一定期間みんなで従事する。そのほうが社会全体のためになるのではないかって。無理してではなく、ごくごく自然にそういった動きが起きるといいですね。

学校では子供たちが一日中部屋の中で椅子に座っています。それが当たり前ですよね。でも、そのやりかたが本当に正しいのか？　子供をとりまく前提条件が、大きく変わっているのではないでしょうか。

僕らが子供の頃は、外で遊んでいる時間がほとんどでした。だから逆に学校ってありがたかったです。ああいうところに押し込んで、少し静かにしてろって。その時代はよかったかもしれませんが、今の子供は家にいたって、これでしょ。（と両手でゲームをやる仕草）

柳瀬　テレビゲームにケータイですね。家に閉じこもって、ずっとやっている……。

養老　ゲーム漬けのいまどきの子供を教室に入れてじっとさせておいたら、それこそ全く体を動かすチャンスがなくなる。だったら、学校教育のほうを変えていったらどうでしょう。学校が子供を山に連れて行って作業させ、勉強は家で家庭教師を雇うか、塾にやらせればいい、むしろそうした方がいいのではないかと思っています。

これはね、子供だけじゃない。大人もいっしょです。最近出席した会で国土交通省の課長さんがね、公開の会議で言っていましたけれど、「我々は年二週間の有給休暇をもらっている。それを使わないと次の年は有給休暇が三週間になる。ちなみに私の有給休暇は毎年三週間あります」と。つまり一日も休んでないのですと。
一日も休まないで建物の中だけで、パソコン見て、人の顔見て、会議をしている。それじゃダメでしょう。外にでなければ、まともな仕事なんてできない。

柳瀬　大人の仕事ぶりは、ゲーム漬けの子供と何も変わらないですね。

養老　人間ってすごく適応力が強いから、それでもやっていけますけど、白髪になって、僕らくらいの年になったときに、本当に困ると思いますね。
外に出て何も出来ないってことがわかる。だから、ひと月ふた月は思い切って、休みではなくても地方でそういう活動に参加してもらうような仕組みにしたらいいと思う。やろうと思えば会社なり官庁単位で出来ることではないでしょうか。

柳瀬　最後に明日から出来る自然の具体的な付き合い方をご紹介いただけますか。

養老　みなさん、それぞれ好きな自然はあるでしょう。そこにまず行ったらいかがですか。それから子供のとき遊んだところへ行ってみる。
僕は地元鎌倉の海岸に時々散歩に行きます。子供のころ、さんざん遊んだ場所です。海岸に行って別に海を見るわけではなく、海藻をひっくり返して、何か虫がいないかのぞいてみたりする。楽しいですよ。
好奇心があれば、それぞれの人にとって楽しいフィールドはいくらでもあるはずです。

柳瀬　まずは身近な自然にもう一度目を向けてみる。それから、昔好きだったところを思い出してみる。養老さん自身で思い出深いところはどこですか。

養老　放課後によく道草していた近所の山ですね。今でも時々行きますよ。もうすっかり変わりました。お寺さんの裏山でして、ハンミョウがいた。それでハンミョウのいた庭に何をしたかっていうと、砂利を敷いた。もはやハンミョウは一匹もいません。本当に余計なことするなあ。

きれいになったと思っているのでしょうが、こっちからすると余計なことですね。余計なことするものです、人間は（笑）。


岸　やっぱり都会に住んでしまうと空間感覚、地べた感覚が抽象的になってしまう。では、外国語を勉強するような感じで自然とのつきあい方を学んでみる。

例えば、自分の家に降った雨がどこの川に流れているか確かめる。これはすぐわかりますよ、だってついていけばいいのですから。

川には必ず源流があり、河口があります。源流が賑やかな森のこともあるし、団地ってこともある。歩けば毎回何か新発見があって、ゆっくりゆっくり徐々に英語が上手になるように、自然と仲良くなっていくのです。


六十年以上鶴見川と付き合って、僕が一番好きな場所は綱島の早渕川と鶴見川の合流点です。今はもう昔と比べたら見る影もない世界ですが、いかに昔のように緑がいっぱいあって感動的な水辺にできるかって、人生ちょっと懸けています。

家族も半ばあきらめていて、お父さんは十歳の頃、一番幸せだった綱島で、人と地球をつなげる仕事をしているようだと……。

みなさんにもぜひやっていただきたいと思います。

あとがき

本書にお目通しいただき、本当にありがとうございます。未整理の文書群が、小網代保全の歴史の息遣いをお伝えできたとすれば、幸甚このうえないことです。あとがきでは、本文ではひとまとめでお伝えできていない基本事項と、小網代保全をめぐる最新の危機と希望にふれておきます。

読者のみなさんは、保全目標値として提示される、一〇〇ヘクタール、八〇ヘクタール、七五ヘクタール、七〇ヘクタールというような大雑把な数字に困惑されたかもしれません。当初私たちは、保全されてよい小網代の森（＝谷）をしばしば一〇〇ヘクタール規模と表現していました。これは、浦の川の流域約七五ヘクタールにくわえ、その南に広がる谷、ならびに北に隣接する谷（ガンダ）を加えた概略の面積でした。とはいえ、南北に隣接する二つの谷を、小網代の谷と同等の厳正さで生態系保全できると考えていたわけではありません。文中にもあるようにその二つの谷は、三崎口方面の未来の街づくりとのインターフェース、また油壺方面の観光ゾーンとの交流領域として、そこそこの開発はありと当初から考えていたからです。そのような判断の結果として、希望すべき谷の面積は一義的にさだめがたい状況が続き、最終的に国の制度によって保全地域とされたのが、浦の川の集水域（＝

流域）のほぼ全域に、相当する七〇ヘクタールとなったものです。隣接する南と北の谷について、なお、都市計画の流れのなかで新しい希望ある展開がありうると期待していることは、「小網代自然教育圏構想」に明示されているとおりです。

小網代保全の現下の最大の危機はアマモ場の喪失です。昨年三月十一日の津波の余波は、三浦半島にも及びました。小網代ではまる二日間にわたって一〜二メートルの高波がくりかえし湾奥を襲い、広大なアマモ場は底泥ごと浸食され、消滅しました。満一年をへてアマモはほとんど回復していません。予期できるはずもないこの危機に対処すべく、移植による回復にむけて、NPOとしての準備を、はじめているところなのです。

危機を越える希望のあることは幸いです。第一は自然の回復です。四十年間放置された谷では流れが河床を下げて谷底の乾燥化が進み、湿原は高さ四メートルもの乾燥したササ原に変貌。ササや灌木におおわれて暗黒化した流れでは、巻貝も魚たちの姿もまれになっていました。しかし一昨年、神奈川県による谷の公有地化が終了し、調整会議による環境回復作業が一気に本格化しました。まだ二年の実績ですが、中央の谷の湿原は回復の回路に入り、流れにはカワニナやイシマキガイの幼貝たちが大量にもどり、アユたちの遡上もはじまりました。一般訪問者が小網代の谷を縦断しはじめる二〇一四年春、小網代中央の谷には、生きものたちの賑わいにみちる湿原と水系が広がっているはずです。

さらに大きな希望は、行政、企業、地域との連携の深まりです。調整会議は、昨年秋から、子どもたちのボランティア体験つきの小網代干潟への訪問を促すために、こどもこあじろボランティア（略してココボラ）イベントを企画しています。本書の原稿が印刷所に入るころ、天候さえよければ、関係行政、財団、漁協、地元町内会、関連企業の共催・後援をうけて、第三回ココボラが開催されているはず。大規模に自然回復をとげてゆく小網代の谷。アマモ場喪失の危機も克服してさらに多くの応援をうけ保全されてゆくはずの河口干潟。内閣総理大臣表彰は、そんな希望をさらに確かなものにする連携を、とどけてくれるのだろうと思うのです。

あとがきを閉じるにあたり、二十九年前、小網代保全の代替案提案運動をただ一人で立ち上げ、私に参与の端緒を開いてくださった物理学者、藤田祐幸さんに深々の敬意を表します。保全への歩みの重大な折節に小網代の可能性を信じ、決断してくださったみなさまの仕事、お志に、心よりの感謝を表します。故人となられた前三浦市長・久野隆作様、前神奈川県知事・長洲一二様、前かながわトラストみどり財団事務局長・本間正幸さまへの感謝は、限りがありません。街づくりの方針を転換され、小網代の生態系保全を可能にしてくださった最大の功労者、京浜急行電鉄、地元地権者のみなさまへの感謝もまた、言葉でつくせるものではありません。みなさま、本当にありがとうございました。

超特急の本作りを可能にしてくださったのは、私の聞きにくい講演の記録テープを筆耕してくださっていた旧友・辻清一さんの先見とご尽力です。写真や表紙のしつらえを工夫、斡旋してくださったのは、今秋で満二十八年になる私の小網代訪問の二十七年間に付き添ってくださっている柳瀬博一さん。帯にメッセージをお寄せくださり、かながわトラストみどり財団二十周年の鼎談収録にもご賛同くださった養老孟司さんにも大感謝です。ポラーノ村の運動から、ナチュラリスト有志、小網代の森を守る会、小網代野外活動調整会議まで、小網代地元での活動に参加してくださった全てのナチュラリスト仲間、多摩三浦丘陵とりわけ鶴見川の流域において多彩なネットワークを駆使し、小網代保全を全力支援してくださった仲間たちには、特段の、心からのお礼を申し上げなければなりません。

文末ですが、二〇〇五年以降の私どもの活動を、最も基本となる資金で支えてくださった諸団体、企業、助成金諸組織様に、心底よりの御礼を申し上げます。

奇跡的な自然の特性と、奇跡的な応援のおかげで、小網代は生きのびました。三浦をささえ、首都圏を輝かせる奇跡の自然拠点として、さらにさらに輝きを発揮してゆきます。NPO法人小網代野外活動調整会議は、連携するすべてのみなさんとともにその可能性を励まし、応援する仕事をつづけてまいります。変わらぬご支援、よろしくお願い申し上げます。

二〇一二年六月

岸　由二

★整備作業中につき通行自粛のお願い★

小網代の森では、神奈川県・三浦市・かながわトラストみどり財団・NPO法人小網代野外活動調整会議の協働により、湿地環境の回復作業がすすめられています。

その間は足元も非常に悪く、谷の通路は散策者の皆さまの一般的な安全をサポートできる状況にありません。夏はマムシやスズメバチの危険もあります。基本整備の終了(時期は未定)まで、個人・団体による任意の通行は自粛していただきますよう、お願い申し上げます。

● 一般散策での森の通過は神奈川県より自粛要請がでています。

● 整備期間中、市民団体あるいは個人で谷の訪問をご希望の場合は、【学習・ボランティアウォーク】にご参加いただくことができます。(7・8・9月を除く毎月第3日曜 午前9：30三崎口駅改札集合、12：00現地解散。軽度の作業にも参加していただきます。よごれてよい服装、長靴必携、雨天中止。)

● 特別日程によるボランティア・学習訪問をご希望の場合は事務局にお問合わせください。スタッフによるご案内も可能です。(寄付またはスタッフ派遣費のご負担をお願いします。)

NPO法人 小網代野外活動調整会議

TEL：045-540-8320
FAX：045-546-4344
E-mail：koajiro@koajiro.org
http://www.koajiro.org/

資　料

1）

わたしたちの目指す小網代自然教育圏構想

神奈川県知事への要望書（1994年）

2）

小網代保全実現のお知らせ

小網代の森を守る会会員への報告書（2010年）

3）

祝20年・再びの大転換の年へ

『小網代の森を守る会20年誌』より（2011年）

4）

小網代におけるアカテガニの放仔活動の時間特性

『慶應義塾大学日吉紀要・自然科学』No. 30（2001年）

5）

年表　小網代保全の歴史

［資料 1］ 要望・小網代自然教育圏 / 構想

国際生態学会議での評価もうけた神奈川県は、1994 ～ 95 年の時点で、小網代保全の方針を固めてくださったものと思われます。その時点にあわせ、「小網代の森を守る会」、「小網代の自然を支援するナチュラリスト有志」は、小網代の谷を構成する浦の川の流域（中央の谷）、北の谷（ガンダ）、南の谷（白髭神社の谷）、河口干潟のそれぞれについて、どのような保全の配置、活用の工夫を期待するか、未来を考え抜いた提案を、長洲一二神奈川県知事にとどけました。県はこの提案を正面から受け止めてくださり、その後の保全の動きに様々に生かしてくださいました。トイレ施設をともなうビジター施設の設置はなお継続中の大懸案の一つ。いま調整会議は、保全地域内ではなく、その外周に、場合によっては民間設置もふくめて緊急の工夫をすすめるべきと考え、諸方面に要望を重ねています。

［資料 2］ 小網代保全実現のお知らせ

神奈川県は、2010 年 2 月、小網代の森の全体保全に必要な全ての用地の買収・確保を終了し、同 7 月 1 日発行の「県のたより」7 月号で、全県にその主旨を広報しました。これをうけ、「小網代の森を守る会」は、会員、関係者に、「小網代保全実現」のニュースを配信し、新時代に対応する、新たな目標、新たな活動の検討に入ることを宣言しました。歴史文書として、同会の代表（当時）、仲澤イネ子さん、企画調整担当スタッフ、岸由二、の署名で送られた「お知らせ」を、転載しました。

［資料 3］ 祝 20 年・再びの大転換の年へ

小網代保全の初期（1983 ～ 90）を支えたのは「ポラーノ村を考える会」、後期（2001 ～）を支えているのは「小網代野外活動調整会議」。行政が保全方針を確定した中間期（1990 ～ 2001）、安全な自然観察会の実施、クリーンアップ、トラスト会員増強、アカテガニ募金等を通してもっとも重要な日常活動を展開したのは、「小網代の森を守る会」でした。2011 年、同会は「小網代の森と干潟を守る会」と改名し、『小網代の森を守る会 20 年誌・小網代の森を未来のこどもたちへ』を出版しました。その冊子の巻末に寄せた祝辞です。

［資料 4］ 小網代におけるアカテガニの放仔活動の時間特性

『慶應義塾大学日吉紀要・自然科学』2001 年、No.30、p75~82 から転載した研究論文です。森と干潟と海の連接する集水域生態系としての小網代の価値を、市民に最も良く啓発できる機会は、毎年夏に実施されるカニパトでした。カニパトを実施するための権威あるマニュアルを作成するには、アカテガニの放仔に関する基本的、科学的な知見が必須でした。本論文は、そんな基本知見を確立するために実施された市民参加型の研究をとりまとめたもの。アカテガニの放仔は日没後 25 分をピークとし、15 分ほどの標準偏差をもつという明解な科学的結論をだすことができ、カニパトマニュアルを権威あるものにしてくれました。

資料 1　わたしたちの目指す小網代自然教育圏構想

神奈川県知事　長洲一二　様

１９９４・７・２２

要　望

〔小網代自然教育圏／構想〕

教育リゾートの視点をサポートとした、小網代集水域の大規模かつ総合的な保全を要望します。

小網代の森を守る会
山本紀子

小網代の自然を支援するナチュラリスト有志
岸　由二（慶應義塾大学生物学教授）
菅野　徹（慶應義塾大学非常勤講師）
藤田祐幸（慶應義塾大学物理学助教授）
米本昌平（三菱化学社会生命科学研究所・室長）

三浦市・小網代の谷の保全に関する最近の報道は、保全規模、方策、構想などに関し、神奈川県がいよいよ具体的な案を煮詰める段階に入ったことを伺わせております。

自然観察、調査、清掃、啓蒙、ならびに神奈川県民トラスト支援活動などを通して小網代の谷の保全を長く願い続けてきた私達は、この事態を喜びつつ、同時に、神奈川県が最後まで小網代の総合保全を放棄せず、さらに勇気ある工夫を重ねて下さることを期待して、＜小網代・自然教育圏構想＞を提案します。関東で唯一、完結した集水域生態系を保持し、素晴らしい景観群と、アカテガニを始めとする貴重な生物多様性を保持する小網代を、２１世紀の首都圏や世界に誇りうる姿で保全するための、限界的な提案です。深いお志で、活かして下さいますようお願いもうしあげます。

●構想

小網代の谷は、中央の谷、北の谷(ガンダ)、南の谷(自髭神社前の谷)、干潟、さらにアマモ場や岩礁地帯の広がる浅海部分によって構成され、ナチュラリストたちの調査によれば、現在までにすでに1352種の生物多様性が認められています(別紙・1)。この貴重な自然(完結した集水域生態系)を保全し、かつ適切に活用するためには、景観と生物多様性の保全拠点、自然環境教育・教育(学校・市民の)リゾートの、国際的にも注目されうる拠点として、中央の谷と干潟を中心に総合的な保全戦略を工夫して頂く必要があると、私達は考えます。その際、基本な方針に、是非とも、以下のような点を重視して下さいますよう、お願い申し上げます。

1)中央の谷は景観・生物多様性保全のコアゾーンに

＜完結した集水域生態系＞という、小網代の極めて貴重な性格を大切にするためには、源流、湿原、干潟、さらにアマモ場まで含めた水系の総合的な保全が不可欠です。これを達成するため、少なくとも＜中央の谷＞は源流から河口まで保全地域とし、原則として開発地域は組み込まないで頂きたい。中央の谷の南部分に分布する小集水域の内、最源流部一帯と、最下部の2本の谷戸は、コア中のコアとして自然の保全・回復に委ねられてよい部分と思われます。また、三戸の開発地域との境界域となる中央の谷・北の枝は開発に供されやすい部分ですが、この一体は下手の大規模湿地の水源地としての重要性を確認して頂きたいと思います。これが破壊されると、下手の大湿原の乾燥化を招き、小網代の谷の基本景観まで撹乱することになるでしょう。

2)北の谷は水系を配慮しつつ市街化地域とのバッフアーゾーンに

北の谷(ガンダ)は、中央の谷(コアゾーン)と三戸方面の市街化地域とのバッファーと位置づけられます。しかし、谷の直下の湾内に深みがあり、貧酸素水塊の拠点になる可能性があることなどを配慮すると、水系としての北の谷の扱いは、汚染や水量の激減を避けるための慎重な対応が必要であろうと思われます。また、礫質の河口部分は従来、クサフグの産卵地としても知られていた場所であり、ランドスケープとしての保全が必要と思われます。これらに配慮した、マイルドな改変に留まるよう、御指導をお願いします。

3)南の谷は水系を守りつつ教育リゾート施設の基地とする

南の谷は、油壷方面のリゾート地帯と、中央の谷(自然保全のコアゾーン)とのバッファーと位置づけられると同時に、小網代湾奥のアマモ場、ならびに岩礁地域に清浄な淡水を供給する水源の谷でもあります。これら2つの機能を共に生かすため、この地域には一般の住宅開発等は導入せず、宿泊型の自然研修基地を設け、油壷方面のリゾート振興とも関連させる工夫を期待します。県と三浦市が連携してイニシアチブをとり、京浜急行電鉄本社、地権者、行政関連部局、学校関係組織(私立学校関連の組織も含め)に於いて検討を行えば、可能性はあると考えます。同種の施設を中央の谷に誘導することはせず、南の谷を活用して頂きたい。

なお、この谷の水系が破壊されると、谷の直下部にある湾奥のアマモ場、ならびに岩場の生物群衆には、甚大な被害がもたらされるでしょう。特にアマモ場の破壊は、水産生物全般に加え、アカテガニ幼生の暮らしにも重大な影響を及ぼす可能性があります

4）干潟からガンダ地先までの湾奥の厳正保全

浦の川河口から、ガンダ地先と漁港東端を結ぶ線にいたる湾奥部は、南北の岬の縁辺部の斜面林、岩場、ならびにヨシ・アイアシの塩水沼沢を含め、極めて貴重な海浜生態系の諸要素が展開しています。この地域は、埋め立て、浚渫等の改変を行わず、保全して頂きたい。ただし、通常のアサリ掘りや、自然観察、浜辺清掃程度の撹乱は、許容できる限りで、検討の対象として欲しい。

5）中央の谷への配慮

コアゾーンとすべき中央の谷は、さらに厳正保全域と、自然教育域、一般散策域に区分するのがのぞましいかと考えます。一般散策は、現水道施設北の東西の尾根や、浦の川本流沿いに設定される木道（要所にテラスを設ける）を辿るものとし、一部の枝沢や、尾根、あるいは湿原内に、自然教育用の観察路、施設等を設けることにする。浦の川本流の南側の谷群は、原則として厳正保全域とし、自然回復と研究のための地域とする。

6）ビジターセンター／研究センターなど

将来は、域内への出入り口を限定し、インフォーメーションサービスの可能なビジターセンターを作る必要があろうかと思います。湾奥の現・高橋別荘付近には、研究・管理のための施設をもうけ、レンジャー、ボランティアが常駐する体制が望ましいでしょう。アカテガニが放仔を行う夏期には、これまでカニパトロールの実績をつんできた小網代の森を守る会のナチュラリストたちが、大きな支援を提供できます。なお、ビジターセンター、研究・管理センター、および南の谷の教育リゾート施設は、互いに映像回線で連携し、自然情報、管理情報、サービス情報等を交換しあうのが良いと思います。

これらの回路を総合し、中央の谷の自然をコアとして、小網代自然教育圏（Ecosphere Koajiro）としたい。

7）保全域確保の工夫について

関東地方唯一の＜完結した自然集水域＞としての小網代の自然の貴重なまとまりを、資金等の短期的事情によって損なうことのないよう、国その他にも応援を求める努力を放棄しないでいただきたい。中央の谷の全面保全に関しては、あらゆる手段を講じて、工夫を重ねて欲しいと思います。南の谷を拠点とする教育リゾートのアイデアが、新しい工夫の切っ掛けになれば幸いです。

8）小網代保全検討会議

小網代の自然の、現在ならびに未来の保全、活用、管理等に関する意見・情報交換を進めるために、神奈川県環境部、三浦市、あるいは、みどりのまち神奈川県民会議、などが中心となり、地元市民、研究者、ナチュラリスト、小網代の森を守る会等の参加を得て、適切な時期に、小網代保全検討会議のようものを設置できないか、検討してほしい。自然案内活動、干潟清掃、カニパトロール、総合的な生物相調査等の作業と関連した形で具体的な課題を共有しつつ立ち上がるのが、適当と思われます。

以上

資料 2

2010 年 8 月 7 日
小網代の森を守る会　会員各位

小網代保全実現のお知らせ

小網代保全のため、熱いご支援をいただいておりますこと、深く感謝申しあげます。

すでに報道等でも紹介されておりますとおり、本年 2 月、神奈川県は、小網代の森の全体保全に必要なすべての用地の確保・買収を終了し、7 月 1 日、県のたより 7 月号において、全県にその旨の広報をいたしました（記事同封）。

ポラーノ村設立（1983〜1994）以来、ナチュラリスト有志（1984〜）、小網代の森を守る会（1990〜）、小網代野外活動調整会議（1998〜:2005 以後は NPO 法人）等と連綿と引き継がれてきた小網代の森保全への願いが、叶いました。今年春をもって、小網代の浦の川流域 70ha 全域の保全、完全実現です。

森の完全保全を、会員・スタッフ一同、心からの喜びとしたいと思います。

用地の完全確保をふまえ、小網代の森では、40 年近くも放置されて乾燥のすすんでしまった湿原の回復作業を軸として、水系、緑、生物多様性回復の作業がすすみます。これに続いて、神奈川県による散策者安全のための通路の全面整備（恐らくは中央の谷を貫く階段・木道システム）が進んでゆきます。とはいえ、財政難のおりです。湿原回復を軸とする自然回復作業は、NPO 法人小網代野外活動調整会議が 2002 年以来の神奈川県との協働事業をふまえ、大型民間助成金、かながわトラストみどり財団からの調査活動支援金などを得て、粛々と進めてまいりますが、県による大規模な安全確保・通路整備には、なお年月がかかるものとも予想されます。これにともない、整備中は自然回復作業が優先、県や NPO が散策者の安全を保障できる状況ではなくなることもあり、一般訪問者による谷の通行は自粛するよう、県から要請が出ております。

しばし整備中心の我慢の時代に入ることを、会員すべての皆様にご理解をいただきます。小網代の森は、一連の整備の完了をまって、一般散策者に公開・開放されてまいります。

私たち小網代の森を守る会は、神奈川県によるこの方針を支持し、本年夏以降、おそらくは数年にわたる整備の期間の間、森の一般的な散策イベントを停止してまいります。今後は、整備作業を担当するNPO法人小網代野外活動調整会議の整備作業を支援するボランティアメニューをともなう活動の工夫にむけ、守る会として新たな提案をしてまいります。

会の大目標が実現されたことをうけ、一般開放の実現する数年先までの間、守る会の現場での活動、あるいは募金の活動などをどのように再編・転換してゆくか、8月末の総会の席での意見交換もふまえて、討議してゆきます。新たな方向を確認したのち、本年秋から、＜新時代＞に対応する＜新たな目標＞のもと、＜新たな活動＞、＜新たな通信＞の発行を目指したいと思います。

この経過措置にともない、従来の「小網代つうしん」は、ひとたび休刊とさせていただきますのでご了解ください。代わりに、総会後の 9 月末をめどに、保全の歴史、実現、今後の見通し、守る会、ならびに今後の森の自然回復作業を神奈川県ならびにかながわトラストみどり財団と連携しつつ担当するNPO法人小網代野外活動調整会議の今後の活動展開などを取りまとめた、特別冊子＜小網代保全の歴史と守る会・調整会議のこれからの仕事＞を、当会と、NPO法人小網代野外活動調整会議の合同出版物として発行し、会員のみなさまのお手元にお送りしてゆく予定です。これらの経過をうけ、「小網代つうしん」も、新たな装いで発行されてゆくことになろうかと存じます。

2010年の夏を、小網代の森の完全保全実現のニュースをもってむかえることのできました喜びを、森のアカテガニたちとも共有し、関係各方面、組織のご尽力に、深く感謝したいと思います。最後になりましたが、守る会会員のみなさまの、過去・現在そして未来にわたる熱いご支援に、心よりの感謝を申しあげます。

小網代の森を守る会
代　表　　　　　仲澤イネ子
企画調整担当　岸　由　二
スタッフ一同

資料 3

祝 20 年・再びの大転換の年へ

守る会設立の 1990 年は大転換の年でした。会設立（6 月 24 日）自体が転換の産物であり、その転換を貫ききったのが、守る会の歴史でもありました。

転換を一言でいえば政治の終焉。ゴルフ場認可をめぐる前年来の署名運動が功を奏し、小網代のゴルフ開発はなしと私たちは判断しました。判断を信じるなら森のリゾート開発はありえません。であれば市民ばかりでなく、企業も地権者も議会も納得する保全への方向を行政に工夫していただくこと、その方向を全力で応援することが保全を望む市民活動の唯一の目的ということになります。右顧左眄せず行政を励まし信頼し、企業・地権者の理解を信じ、目標に向かって全力集中すること。署名運動の余韻の中、便乗的な政治介入も目立ったその時期に、新方針を信頼し支持してくださったスタッフたちが祈る気持ちで設立したのが、〈小網代の森を守る会〉だったのです。

守る会は脱政治を貫きました。〈政治アピールのための自然観察〉という運動の定番を抜け出し、小網代を愛する市民は汗を流すと表明すべく〈自然観察 & クリーン〉と標語を掲げ、お金を使う意思もあると表明するため、かながわトラストみどり財団のトラスト会員への登録を呼びかける大運動を開始しました。小網代の森と干潟と海を頼りに暮らすアカテガニへの共感をアピールしつつ、体もお金も動かす意思のある森のファンを正直に募り続ける無骨な道を、私たちは進みきったと思います。

90 年の方針転換は、専門家や報道や行政による大きな評価や、従来方針の変更とも呼応しました。8 月末、横浜で開催された国際生態学会議に合わせて実施された三浦半島バスツアーと江ノ島での国際シンポジウ

ムでは、小網代の流域生態系を世界の景観生態学者たちが絶賛。同席した県自然保護課長本間さんは、「守るほかなし」と決意を表明してくださいました。夏、カニパトの予行練習もはじまりました。秋、11月5日には、2年を越す小網代取材を経て、「海から森へ・小さなカニの大旅行」がNHK『地球ファミリー』で放映され、小網代守ろうの世論が全国にひろがりました。暮れの自然観察&クリーンの参加者は300人の規模となり、「小網代を守って」と申込書に記してトラスト会員となる市民は年内に1000人を超えたはず。その後の展開は衆知のとおり。94年、長洲知事の保全方針表明、トラスト事務局長に転進された本間さんのご支援も受けて98年には関連諸団体を調整する小網代野外活動調整会議設立、2005年「近郊緑地保全区域」指定、そして2010年、県による全面保全実現。1990年の大転換は、さまざまな組織や個人の決断も誘発しつつ、見事目標に到達しました。

そして2011年春。私たちは新たな転換を迎えています。森の自然回復は調整会議が進め、県の散策路整備が終了すれば、数年先には一般市民に全面公開されてゆきます。しかし小網代は森と干潟と海。全ての広がりを頼りに暮らすアカテガニたちの賑わいをまもるため、次の目標は、塩水沼沢に縁取られたカニたちの楽園・河口干潟の保全でなければなりません。目標はラムサール湿地指定。利害関係者全てに利ありと見極めてNPO調整会議と協働し、行政を信頼し、企業、地元漁協とも連携し、資金と労力の提供を惜しまない干潟ファンを90年にも倍する工夫で募りつつ、穏やかに賑やかに進みます。主体はもちろん守る会。〈小網代の森を守る会〉改め〈小網代の森と干潟を守る会〉を名乗って、もうひとがんばりするのでしょう。歴史の細部に心よりの敬意を表し、万感をこめて、設立20年に、乾杯。

岸　由二

資料 4

小網代におけるアカテガニの放仔活動の時間特性

矢部和弘（東京農業大学大学院農学研究科）
岸　由二（慶應義塾大学生物学教室）

1. はじめに

三浦半島先端部にあって、相模湾に面する小網代の谷は、全長 1.2 km ほどの浦の川の流域である。谷は、関東・東海地方で唯一、源流から河口までひとまとまりの集水域が自然の状態にある“完結した集水域生態系”として知られ、1,892 種の生物の生息が確認されている（2001 年までの調査報告による）。

この谷にアカテガニ *Sesarma haematocheir*（De Haan）が生息している。陸上生活に適応した本種は、尾根から水辺まで谷の全陸域に分布し、夏の夕刻、湾奥の海岸線で放仔を行うことが知られている。近年、その光景が報道などにより有名となり、近隣各地から観察者が訪れるようになった。放仔の観察は夜間となるため、各種の危険があることや、観察者によるアカテガニやその生息場所の攪乱、さらに地元市民への迷惑等が心配され、保全活動に係わるナチュラリストたちを中心に、1990 年以来、毎年 7 月から 8 月にかけて、パトロールとガイドの活動（カニパト : カニパトロールの略称）が行われてきた。当地は、行政による保全方針が公表されたものの、まだ保全地域ではなく、「カニパト」の努力は、保全への歩みを支える大きな要素となっている。本研究は小網代におけるアカテガニの放仔の期間、潮や日没時刻との関係を分析し、カニパトロールの活動や今後の保全活動のための基礎資料とするものである。

2. アカテガニの放仔行動

アカテガニ *Sesarma haematocheir*（図 1）は、秋田・岩手県から沖縄

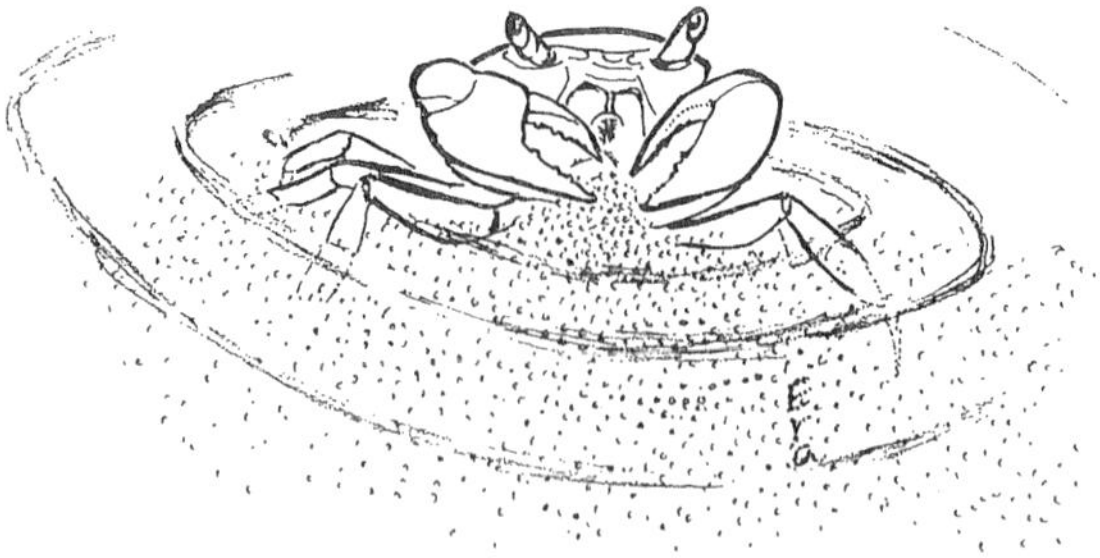

図1　アカテガニの放仔（絵：江良弘光氏）

諸島にかけて広く分布する中型のカニである。海岸から河川沿いの流域の陸域に分布を広げ、崖地や樹上など、高所に登る習性も強い。抱卵盛期は7月～8月。海または川に下って放仔を行う（三宅 1983)。放仔行動は月齢周期と強い関連があり、満月・新月と、その前後の夜に多く見られる。海からかなり離れた場所では潮汐に関係のない河川の本支流においても放仔は行われ、これも満月・新月の夜に集中しているという（橋本 1965)。室内において人工的に月齢周期を作り出し、アカテガニの放仔のリズムを観察した結果でも、放仔活動は満月と新月にピークが見られた（三枝 1980)。潮汐との関係についても研究がある。下泉・稲村（1951）の伊豆下田の海岸での調査によれば、放仔は、8月下旬から9月上旬では18時から19時に集中しており、その全盛期は満潮時の移行とほぼ平行して移行するが、18時以前あるいは20時以降の満潮にはほとんど影響されない傾向がある。三枝（1983）は、伊豆半島と瀬戸内海の河川において放仔行動の観察を行った結果、伊豆半島のアカテガニの放仔は潮汐には余り影響されず、日周成分の影響が大きいのに対し、瀬戸内海のアカテガニの放仔は潮汐に支配されるという結果を得ている。小網代では、今回の調査対象とは別の地域（図2、B地点）において、大潮の日についてのみ調査報告がなされている（矢部 1995)。これによれば、放仔活動は日没時刻と関係が深く、日没5分前ころから開始され、25分後にピークを迎え、日没後約1時間でほぼ終了するという結果が得られて

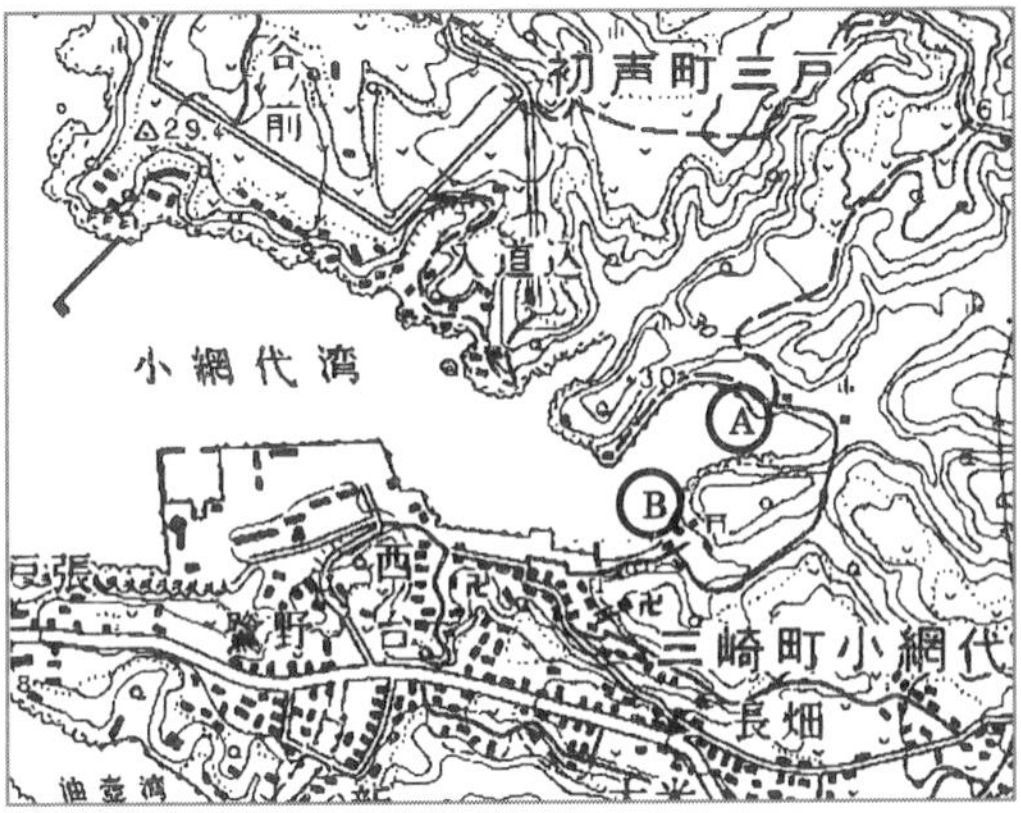

図 2　調査地

いる。今日までのパトロール活動はこの記録をもとにスケジュールが組まれている。

3. 調査地および調査方法

放仔活動の観察は、図 2 に示す幅 4m の岩盤の小さな入り江（A 地点）において、2000 年 6 月 30 日から 10 月 29 日までの大潮と小潮の前後数日間にわたり、天候に係わらず、実施された。同地は、両側に岩場が突出して前面が湾に開き、背後はアズマネザサを主体とした植生に覆われていて、放仔活動の把握が容易な場所である。同地はまた、カニパトロールの際に一般訪問者を誘導する岸辺に隣接しているため、調査結果を今後のパトロール活動に直に活かすことができると、期待される。

調査は、記帳者 1 名、観測者 2、3 名の体制で行った。観測者は入江の両側の岩場に定位し、入江の範囲において、海に進入し、体を震わせる放仔行動を行った個体を全てカウントして記録者に伝え、記録者は、10 分毎に総数を集計した。調査時間は夕暮れから約 2 時間。調査開始時刻は、6 月から 8 月は 18:00、9 月以降は 17:30 とした。

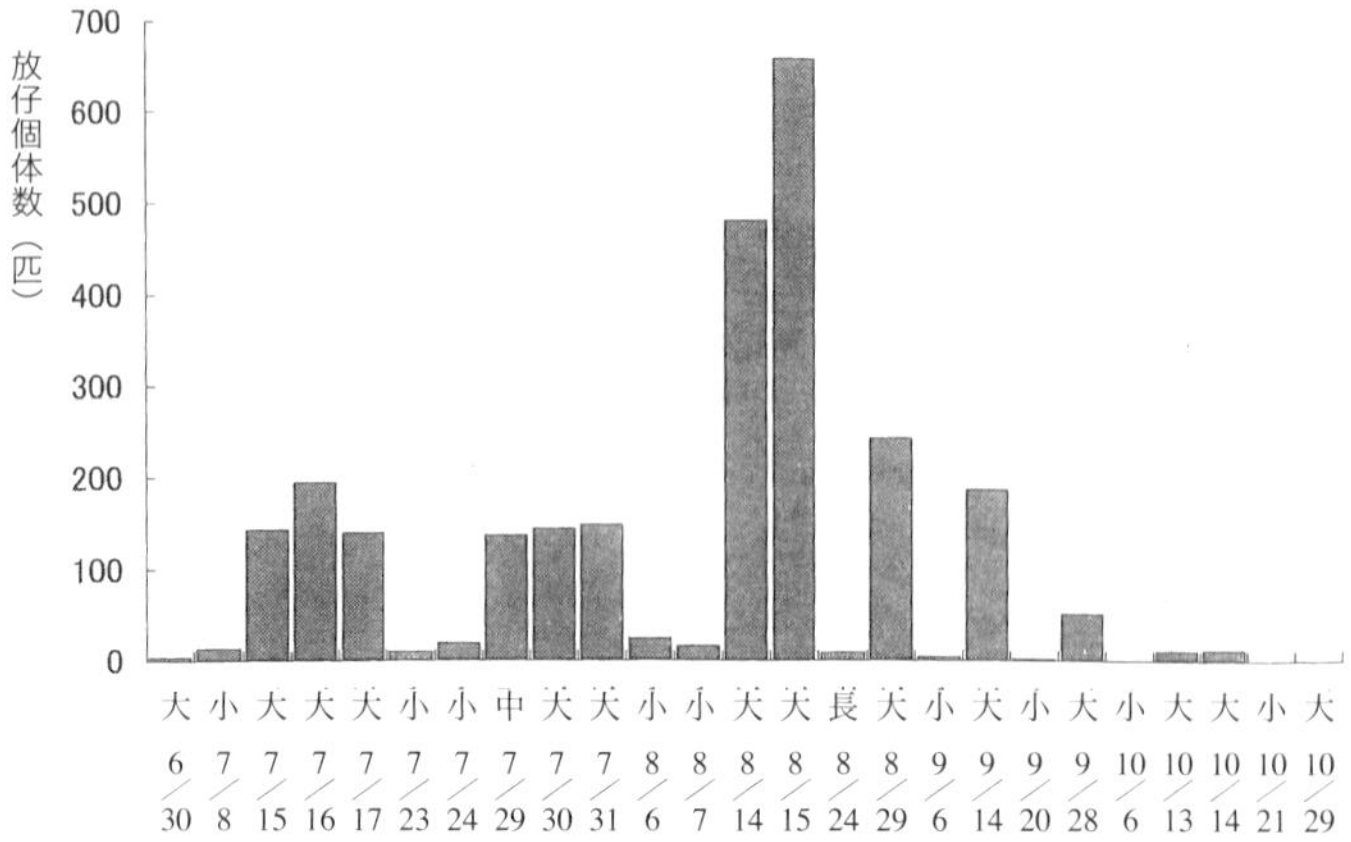

図３　調査日別の放仔個体数の推移

4. 結果および考察

4-1：放仔期間

調査日別の放仔個体数の推移を図3に示した。横軸は調査日と潮まわり（大：大潮、中：中潮、小：小潮、長：長潮)、縦軸は日別の放仔個体数である。アカテガニの放仔行動は、最初の観測日であった6月30日にはすでに始まっており、7から8月にかけて増加し、8月中旬にピークを迎えたのち、徐々に減少し、10月下旬には終了している。当地におけるアカテガニの放仔の期間は6月下旬から10月中旬まで見ることができる。

4-2：月齢周期との関係

月齢周期とアカテガニの放仔の関係を見ると（図3)、大潮の日（満月、新月）に多く、小潮の日（上弦、下弦）には少ないという規則性がはっきりしており、既往の諸研究とも一致する。この特性は、潮の干満の差

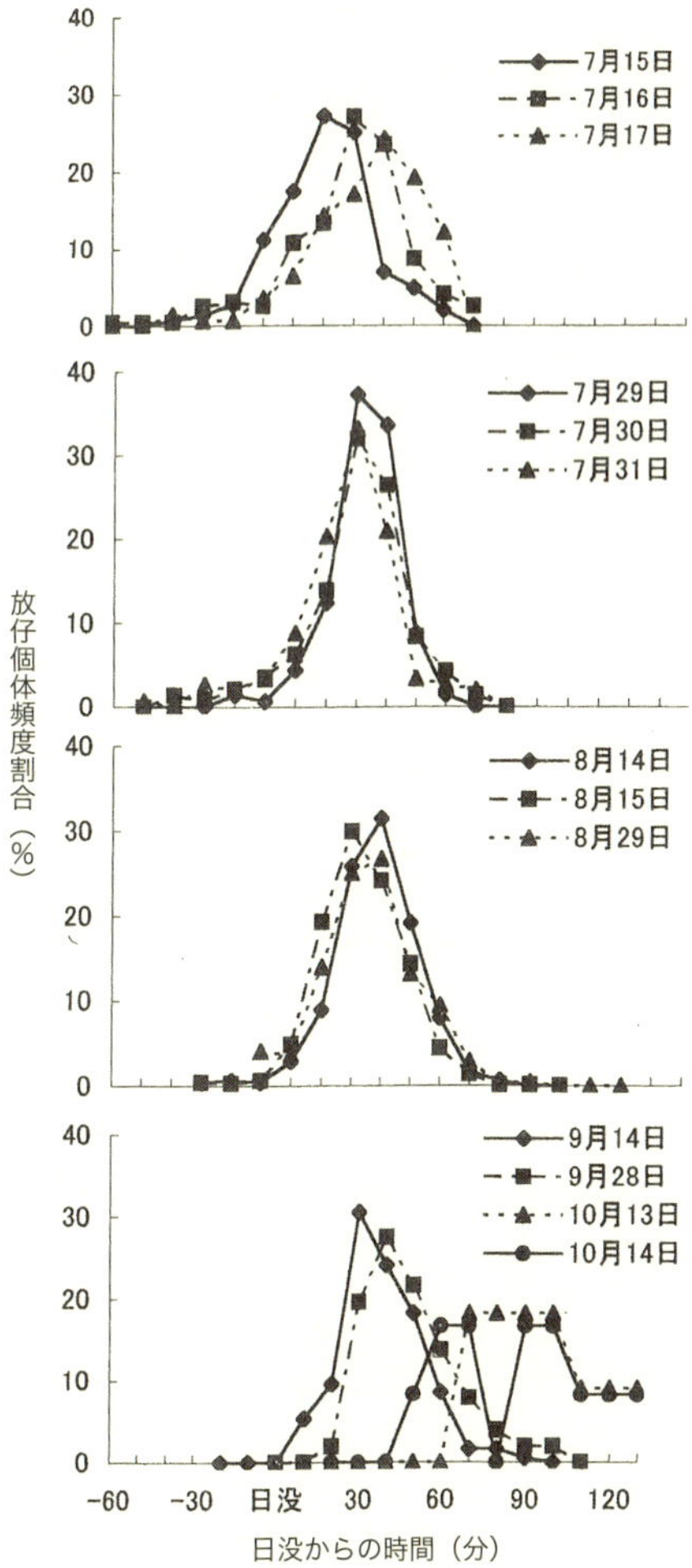

図４　大潮の日における日没時刻と放仔頻度の関係

調査日	潮	満潮時刻	日没時刻
6月30日	大潮	16：37	19：01
7月8日	小潮	22：10	19：00
7月15日	大潮	17：20	18：57
7月16日	大潮	17：53	18：57
7月17日	大潮	18：23	18：56
7月23日	小潮	20：50	18：52
7月24日	小潮	21：23	18：52
7月29日	中潮	16：38	18：48
7月30日	大潮	17：24	18：47
7月31日	大潮	18：04	18：46
8月6日	小潮	21：09	18：41
8月7日	小潮	21：40	18：40
8月14日	大潮	17：30	18：32
8月15日	大潮	17：57	18：31
8月24日	長潮	22：51	18：20
8月29日	大潮	17：37	18：13
9月6日	小潮	21：13	18：02
9月14日	大潮	17：47	17：50
9月20日	小潮	20：09	17：42
9月28日	大潮	17：24	17：30
10月6日	小潮	21：29	17：19
10月13日	大潮	17：05	17：09
10月14日	大潮	17：28	17：08
10月21日	小潮	22：27	16：59
10月29日	大潮	17：24	16：50

表１　調査日の日没時、満潮時一覧

を利用して幼生を効率的に拡散するのに有効であり、また、潮位が高いタイミングでの放仔は移動距離が短くてすみ、外敵からの防衛にも有効であると考えられる。

4-3：8月中旬のピーク

調査日別の放仔個体数の推移において、8月中旬の大潮時に突出的なピークが認められたことも、注目される事実である（図3）。アカテガニの抱卵期間は約1ヶ月で、いくつかの同期的なグループに分かれて、繁殖期間中に2度から3度の抱卵・放仔を行うことが知られている（三枝1983）。この知見に従えば、同地における8月中旬の突出的なピークは、早期に放仔を始めた同期的なグループと、遅れて放仔を始めたグループが、この時期に合流したためと判断される。

4-4：放仔活動の時間特性

次に、放仔の集中する大潮の日（満月、新月の当日を含む1～3日）に関して、日没時刻と放仔頻度の関係をみた。

図4は、横軸に日没時刻を基準として10分刻みに時刻をとり、縦軸には10分ごとの放仔個体数を、日ごとの放仔個体総数にしめる割合（%）でとり、調査日ごとの放仔数の時間推移を図示したものである。図から判断すると、7月、8月の大潮の日の放仔は、日没のほぼ20分前に始まり、日没後25分付近でピークを迎え、徐々に減少するパターンをしめし、9月、10月の大潮の日の放仔は、開始そのものが日没後にずれこむパターンとなっている。調査日ごとの日没時と満潮時の一覧（表1）を参照すると、7、8月の大潮の調査日は日没時にすでに満潮時をかなり過ぎているのに対し、9、10月の大潮の調査日は日没時が満潮時刻にほぼ重なるか、まだ満潮にいたっていないという相違がある。この相違のもとで、前者では放仔のピークは日没に左右され、後者では潮汐の影響をうけるという事態が生じているのではないか。なお、「カニパト」の実施される7月と8月の放仔数のデータを一括して、日没を基準とした10分刻みの枠でまとめなおし、放仔個体の頻度割合として図示すると、平

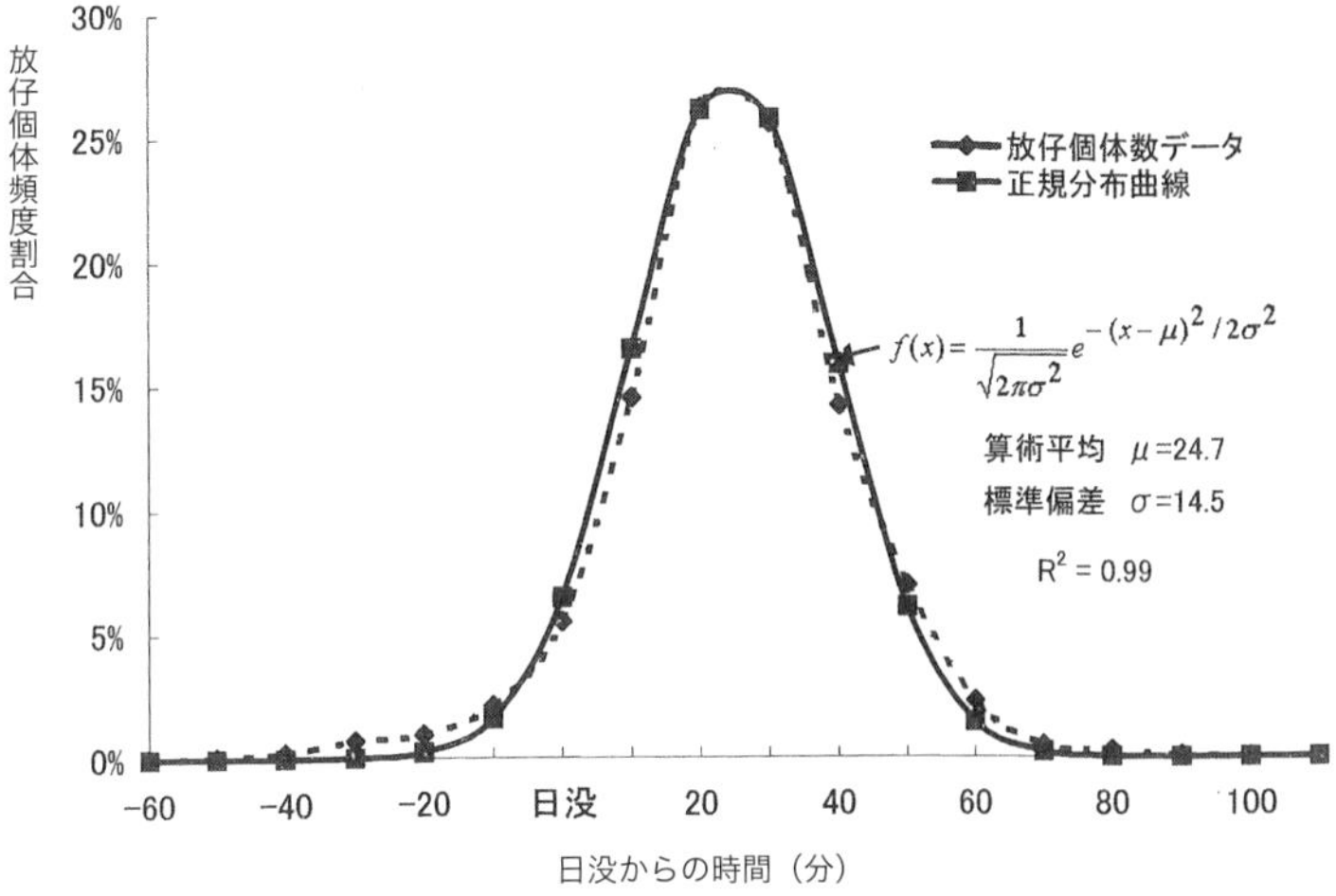

図 5　放仔個体の頻度分布

均 μ = 24.7 分、標準偏差 δ = 14.5 分の正規分布曲線と、よい一致を示すパターンとなった（図 5）。正規分布に関する基本的な特性を援用すると、これらのケースでは、日没後ほぼ 25 分で放仔個体数は最大となり、その前後 29 分（計 58 分。平均± 2 δ）ほどの間に、放仔個体の 95% 以上が放仔を終えるパターンになっていると表現することができる。

この結果を、小網代の別地点における矢部（1995）の結果と比較すると、日没とピークの関係はほぼ一致しているが、放仔開始時刻に関して、矢部の結果は日没前 5 分であるのに対して、今回の結果は日没前 20 分と、かなりの相違がでた。この相違は、矢部（1995）の調査地点 B は日射を遮るものがなく、日没直前まで直達日射が届く場所であるのに対し、A 地点は岬により日射が遮断されていることに関連するのではないかと、推定される。これに関連して注目されるのは、7 月 15 日のピークが他よりも 10 分早く出現していることである。当日は雨で、照度の低下が早かったことが影響していると考えられる。

5. おわりに

小網代における「カニパトロール」は、以下の指針に沿って実施されてきた。1）夕刻、観察地付近で訪問者に呼びかけ、カニパトロールの誘導に従った観察を要請する。2）日没 15 ～ 20 分前に、放仔の行われる海岸線の海側・浅瀬に観察者を誘導する。3）待機と観察の時間は誘導後、40 ～ 45 分ほどとし、放仔の状況をみながら引き上げ時間を判断する。

一方、今回の調査で得られた、小網代におけるアカテガニの放仔の特性は以下の 5 点に要約できる。1）小網代のアカテガニの放仔期間は、6 月下旬から 10 月上旬にわたる。2）放仔個体は大潮時に多く、小潮時には少ない。3）8 月中旬に放仔個体数の突出的なピークが現れる。4）7、8 月の大潮時の放仔活動は、日没前 20 分ごろに開始され、日没後 25 分ごろにピークに達し、ピーク時の前後それぞれ 29 分（計 58 分）の間に全体の 95% ほどの個体が放仔を終えるパターンとなっている。5）放仔開始時刻は地点によってばらつきが大きい可能性がある。

これらの結果は、小網代におけるカニパトロールの、現行マニュアルの適切さを基本的に支持する内容である。ただし、現行の指針は、9 月、10 月には適用できない可能性が高いこと、また観察場所への移動時刻の設定にあたっては場所の（恐らくは日照に係わる）特性を十分に配慮する必要があることもまた、示唆するものである。なお、盛夏の大潮の時期に放仔個体が突出的なピークを示す状況に対応するために、ピーク時のパトロールを強化し、同時に一般訪問者のための観察は大潮のピーク日を避ける工夫もあってよいかもしれない。なお、本稿のようなデータが公表されることにより、平日でも大潮にあわせて観察に来る観察者が増加する可能性もあると判断しなければならない。保全への歩みの中でこれに適切に対処してゆくには、通常のボランティア活動を越えたパトロール活動の工夫も、進めてゆく必要があると思われる。

6. 謝　辞

今回の調査にあたっては、平日の夜間の作業にもかかわらず、小網代の森を守る会のナチュラリストたち、宮本美織、仲沢イネ子、佐藤京子、高橋淳、竹内晶子、小倉雅實、高橋伸和、亀田佳子、神田元、簗瀬公成、松原あかね、刈田悟史、木皿直規 森真紀子、須藤伸三、祖父川精治、橋ちひろ、浪本梓の各氏にご支援をいただいた。アカテガニの挿絵は江良弘光氏の作品である。皆様にお礼を申し上げる。なお本調査は、かながわトラストみどり財団による委託業務の一部である。調査を委託してくださり、研究内容の一部の公表を認めて下さった、かながわトラストみどり財団に、深く感謝の意を表する。

引用文献

三宅貞祥（1983）:「原色日本大型甲殻類図鑑」、保育社。

橋本　碩（1965）: 河川流域に生息するアカテガニの放卵、動物学雑誌、74、82-87。

三枝誠行（1980）: 生殖の月周および半月周リズム（I)、海洋と生物、9、248-254。

三枝誠行（1980）: 生殖の月周および半月周リズム（II)、海洋と生物、10、372-377。

三枝誠行（1983）: 動物の行動からみた海と陸の接点、海洋と生物、26、174-179。

下泉重吉、稲村鴻（1951）: アカテガニの Zoea 放出活動について、動物学雑誌、60、51-52。

矢部和弘（1995）: アカテガニの放仔 : 小網代つうしん総覧、小網代の森を守る会。

岸　由二（1987）:「いのちあつまれ小網代」、木魂社。

岸　由二ほか（1994）: 小網代の生物相（中間報告)、慶應義塾大学日吉紀要自然科学、No.15、99-116。

資料 5

年表 小網代保全への歴史

1983 ポラーノ村を考える会発足
小網代地域に大規模開発の計画があることがわかり、慶應大学物理学教員の藤田祐幸さんを代表とし、自然を活かした代案検討を呼びかけ始めた。

1985 三戸・小網代開発構想公表
小網代の谷全域のリゾート開発を含む、約 169ha の総合開発計画

1987 『この美しい自然を次の世代に伝えるために：小網代の森の未来への提案』ポラーノ村を考える会発行
『いのちあつまれ小網代』岸由二、木魂社発行

1989 1 月 小網代の谷にゴルフ場開発を誘導することに反対する署名開始。40 日で 3 万 7000 名の署名集まる。
2 月 小網代の自然の保全に関する要望 (神奈川県知事宛)
小網代の自然を支援するナチュラリスト有志
(『小網代は森と干潟と海』として、同年 4 月、木魂社から発行)
3 月 特例として小網代地域にゴルフ場を計画することをみとめる県の基本方針が示されたが、その記載の中に、「自然環境保全等の観点から特に保全を要する地域については立地を規制する」との一文があり、ポラーノ村、ナチュラリスト有志は、ゴルフ場開発は不可能と判断し、保全方向への進展を見越した、行政支援型の活動方針に、一気に転換してゆく。
6 月 『ナチュラリスト入門・夏』岩波書店に、「アカテガニの暮らす谷」収録

1990 6 月 小網代の森を守る会発足
(以後、小網代野外活動調整会議設立まで、小網代保全の日常活動の中心を支える活動を展開)
8 月 第 4 回国際生態学会議が横浜で開催され、小網代を含む三浦半島訪問のエクスカーションが企画される。
11 月 NHK『地球ファミリー』で、「森から海へ:小さなカニの大旅行」と題して小網代の谷のアカテガニの生態を報道

1991 1 月 小網代保全を応援する神奈川県民トラスト会員（現在のかながわトラスト会員）1000 名をめざす活動を開始。90 年代半ばに 4000 人規模に達した。
2 月 『第 5 回国際生態学会議神奈川県主催エクスカーション報告書』発行
7 月 アカテガニの放仔観察会（以後、カニパトに発展）開始

1992 3 月 三浦市長、市議会で、「ゴルフ場以外の方向を検討」と発言

4月　『小網代の自然はすばらしい』第5回国際生態学会議に参加した生態学者たちが小網代保全を訴えたコメント集：小網代の森を守る会 発行

1993　5月　保全を目指す活動を小網代の森を守る会に引き継ぎ、ポラーノ村解散

7月　要望書「小網代自然教育圏構想」を神奈川県知事に提出

8月　『夏の自然観察ガイド』小網代の森を守る会・森の若者グループ発行

1994　3月　「小網代の森、県が75ha保全」と神奈川新聞が報道

「小網代の生物相」岸他、『慶応義塾大学日吉紀要』に掲載される。

5月　第1回小網代の森保全対策検討会（神奈川県自然保護課）開催

7月　神奈川県知事に、「小網代自然教育圏構想」を届ける：小網代の森を守る会、小網代の自然を支援するナチュラリスト有志・連名

1995　11月　いるか丘陵ネットワーク祭　横浜自然観察の森

1996　11月　干潟脇に森の案内看板を設置　小網代の森を守る会

1997　3月　「神奈川県新総合計画」「神奈川県環境基本計画」に小網代の森保全推進が明記された。

5月　『いるか丘陵の自然観察ガイド』岸由二編著、山と渓谷社発行

1998　5月　小網代野外活動調整会議発足

小網代野外活動調整会議によるカニパトロールスタート（現在に至る）

1999　3月　小網代緑地維持管理用資材倉庫設置　神奈川県

2000　6-10月　小網代野外活動調整会議のスタッフ・市民がアカテガニ放仔活動の現地調査を実施。成果は2001年慶應大学紀要論文として公刊

10月　多摩三浦丘陵群の未来を考えるシンポジウム

2001　3月　神奈川の未来遺産100　小網代の森第15位

9月　「小網代におけるアカテガニの放仔活動の時間特性」岸・矢部『慶応義塾大学日吉紀要』に掲載される。

2002　1月　「かながわボランタリー活動推進基金21を受け、神奈川県緑政課と小網代野外活動調整会議が5年間の予定で協働事業をスタートする。1月は行政年度では2001年のため、2002年は2年目

2003　協働事業3年目

2004　協働事業4年目

2005　協働事業5年目

8月　特定非営利活動法人小網代野外活動調整会議設立

9月　小網代の森約70haが国土審議会において首都圏近郊緑地保全区域に指定された。

2006　3月　NPO小網代野外活動調整会議は、県との協働事業の内容を自主事業として継続する旨、県と覚書をかわす。定例作業として月1度定例会を実施

する方針

8月　富士フィルム・グリーンファンドの助成金、決まる。

11月　NPO小網代野外活動調整会議　神奈川地域社会事業賞（神奈川新聞）を受賞

2007　11月　NPO小網代野外活動調整会議　全労災地域貢献助成金、トヨタ環境活動助成プログラムの、助成を受ける。

2008　1月　かながわトラストみどり財団のトラスト緑地保全支援会員制度がスタート、小網代の森がモデル地域に指定された。これにともない、調整会議は、同財団より緑地保全支援事業交付金を受けることになった。

4月　三井物産環境基金の助成を受ける。

2009　4月　NPO小網代野外活動調整会議が、第20回「みどりの愛護」功労者国土交通大臣表彰を受ける。

6月　日本財団　海と川のボランティア助成決まる。

2010　4月　日本財団　海と川のボランティア助成決まる。

7月　神奈川県は、小網代の森70ha保全のための全ての必要用地を確保したと、宣言。これにともない、谷の一般的な通行は自粛を要請されることになった。また、調整会議による谷の湿原回復、水系整備作業は、さらに活発になる。

10月　小網代の森を守る会、神奈川県知事より感謝状を受ける。

2011　3月　『小網代の森を守る会20年誌：小網代の森を未来の子どもたちへ』
小網代の森を守る会 発行

4月　小網代の森を守る会は、小網代の森と干潟を守る会と改名し、新たな活動をスタート

10月　小網代にかかわる三浦市都市計画の大規模変更が実施され、浦の川流域70haにあたる「小網代の森」の全面保全が確定した。従来市街化区域だった森は市街化調整区域に逆線引きされ、浦の川流域とその一部周辺は、全域が、近郊緑地保全区域から、近郊緑地特別保護区域に指定変更された。

2012　4月　緑化推進運動功労者内閣総理大臣表彰
小網代保全にかかわる様々な実践が認められ、4月27日、憲政記念館において開催された第6回「みどりの式典」において、NPO法人小網代野外活動調整会は、緑化推進運動の実施について顕著な功績のあった個人又は団体（13者）に対し贈られる、緑化推進運動功労者内閣総理大臣表彰を、受ける。

以上

【助成金一覧】

保全事業を推進するため以下の助成金支援をうけています。
心よりの感謝をこめて、列記させていただきます。

■地球環境基金
小網代河口干潟の生物多様性保全ビジョン作成と
地域連携ボランティア実践
(2012年4月～2013年3月)

■（財）かながわトラストみどり財団の緑地保全支援事業交付金
2007年度　大蔵緑地前海岸線の地形調査・植生調査
2008年度　中央の谷水系および干潟の水棲動物調査
2009年度　中央の谷水系における自然回復モニタリング
　　　　　および干潟・支流水系の水生生物調査
2010年度　水生生物調査継続、大蔵緑地の後背谷戸整備
2011年度　水生生物調査継続、湿地回復整備、普及啓発

■日本財団　海と川のボランティア助成
小網代の森における学校対応を含めた環境教育の実施
(2009年6月～2010年3月)
小網代の森における環境教育基盤の強化
(2010年4月～2011年3月)

■三井物産環境基金「活動助成」
(2008年4月から3年間)

■トヨタ環境活動助成プログラム
(2007年12月から2年間)

■全労済地域貢献助成金〈環境分野〉
(2007年8月から1年間)

■富士フィルム・グリーンファンド
(2006年8月から2年間)

■全労済環境活動助成金
(2006年8月から1年間)

【著者紹介】

岸 由二（きし ゆうじ）

NPO 法人 小網代野外活動調整会議 代表理事。

1947 年東京生まれ。横浜市立大学文理学部生物科卒業、東京都立大学理学部博士課程単位取得退学。理学博士。
現在、慶應義塾大学教授。専門は進化生態学。
流域アプローチによる都市再生論を研究・実践。三浦半島 小網代の環境保全にかかわる市民活動ほか、鶴見川流域の防災・環境保全、NPO 法人 鶴見川流域ネットワーキング、NPO 法人 鶴見川源流ネットワクなどの中心スタッフとしても活躍している。

著書：『いのちあつまれ小網代』木魂社、1987
『講座進化 2 進化思想と社会』（共著）、東京大学出版会、1991
『リバーネーム』リトル・モア、1994
『自然へのまなざし』紀伊國屋書店、1996
『いるか丘陵の自然観察ガイド』（編著）、山と渓谷社、1997
『流域圏プランニングの時代』（共編著）、技報堂出版、2005
『環境を知るとはどういうことか』（共著）、PHP サイエンス・ワールド新書、2009
ほか。

訳書：ドーキンス『利己的な遺伝子』（共訳）、紀伊國屋書店、1992
ウィルソン『人間の本性について』ちくま学芸文庫 、1997
ソベル『足もとの自然から始めよう』日経 BP 社、2009
ウィルソン『創造』紀伊國屋書店、2010
ほか。

【装丁・口絵デザイン】
坂川栄治＋坂川朱音（坂川事務所）
◆
【編集協力／カバー・口絵写真】
柳瀬博一
◆
【航空写真提供】
神奈川県青少年センター
◆
【写真協力】
加藤利彦（カバー裏：アカテガニ）
鈴木清市（第Ⅱ部 扉）

奇跡の自然　―三浦半島小網代の谷を「流域思考」で守る

2012年6月25日　初版第1刷発行

著　者　岸　由二
発行者　八坂立人
印刷・製本　シナノ書籍印刷(株)

発行所　(株)八坂書房
〒101-0064　東京都千代田区猿楽町1-4-11
TEL.03-3293-7975　FAX.03-3293-7977
URL.: http://www.yasakashobo.co.jp

ISBN 978-4-89694-944-0